TABCHOUCHE Seifeddine

Renforcement des sols mous par colonnes ballastées

TABCHOUCHE Seifeddine

Renforcement des sols mous par colonnes ballastées

Étude de comportement

Noor Publishing

Imprint
Any brand names and product names mentioned in this book are subject to trademark, brand or patent protection and are trademarks or registered trademarks of their respective holders. The use of brand names, product names, common names, trade names, product descriptions etc. even without a particular marking in this work is in no way to be construed to mean that such names may be regarded as unrestricted in respect of trademark and brand protection legislation and could thus be used by anyone.

Cover image: www.ingimage.com

Publisher:
Noor Publishing
is a trademark of
International Book Market Service Ltd., member of OmniScriptum Publishing Group
17 Meldrum Street, Beau Bassin 71504, Mauritius

Printed at: see last page
ISBN: 978-620-2-35248-2

Table des matières

Liste des notations et symboles

A_F	Surface de la fondation
C_u	Cohésion non drainée
φ'	Angle de frottement interne du sol
ψ	Angle de dilatance du sol
e_0	Indice des vides initial
ε_1	Déformation axiale
ε_v	Déformation volumique
σ_{r0}	Pression latérale du sol en place
σ_v'	Capacité portante ultime d'une CB isolée
σ_c	Contrainte appliquée en tête de la colonne
E_s	Module de Young du sol en place
E_c	Module de Young des colonnes ballastées
E_{sr}	Module de Young du sol renforcé
E_{Hom}	Module de Young homogénéisé
E_{50}^{ref}	Module sécant dans un essai triaxial
E_{oed}^{ref}	Module tangent dans un essai œdométrique
E_{ur}	Rigidité de déchargement-chargement triaxiale
F_{sr}	Facteur de sécurité du sol renforcé
H_c	Longueur des colonnes ballastées
L_c	Longueur du pieu
I_p	Indice de plasticité
β	Facteur de réduction des tassements
η	Facteur de substitution ou taux de renforcement des colonnes
η_{min}	Facteur de substitution minimal
η_{max}	Facteur de substitution maximal
η_{opt}	Facteur de substitution optimisé
λ'	Premier coefficient de LAMÉ
λ	Indice de compression du modèle Cam-Clay
κ	Indice de sweeling du modèle Cam-Clay

K Module de bulk

G Module de cisaillement

γ Poids volumique

N_{SPT} Nombre de coups SPT

υ Coefficient de Poisson

P' Contrainte effective moyenne

P_l Pression limite pressiométrique

P^{ref} Contrainte de référence

q' Déviateur des contraintes

R_e Rayon de la cellule

R_c Rayon de cellule composite

σ Contrainte normale

τ Contrainte tangentielle ou contrainte de cisaillement

σ_1 Contrainte axiale

σ_3 Contrainte de confinement constante

σ^{-}_{ult} Borne inférieure de la capacité portante du massif renforcé

σ_s Charge reprise par le sol

σ_c Charge reprise par les colonnes

S Facteur de réduction des tassements d'après Balaam et Booker 1981

S_p Tassement d'un pieu isolé

S_{rein} Tassement du sol renforcé

S_{unrein} Tassement du sol non renforcé

S^{+}_{t} Borne supérieure du tassement de sol renforcé

q_A Charge uniformément répartie en surface de la cellule élémentaire

Q_f Chargement appliqué par la fondation

q_c Résistance au cône CPT

u Pression interstitielle

W_L Limite de liquidité

Liste des abréviations

CB	Colonne Ballastée
ISC	Isolated Stone Column
GSC	Group of Stone Columns
ECC	Equivalent Concentric Crowns
CD	Consolidated Drainded
CU	Consolidated Undrainded
UU	Unconsolidated Undrainded
PMT	Pressuremeter Test
UCM	Unit Cell Model

Liste des figures

Chapitre 1 : Analyse bibliographique

Chapitre 2 : Lois de comportement et analyses numériques

Chapitre 3 : Site expérimentale : Caractérisation des sols en place

Chapitre 4 : Validation expérimentale du modèle numérique

Chapitre 5 : Prédiction du tassement d'un massif de sol renforcé par un groupe de Colonnes Ballastées CB

Liste des tableaux

Introduction Générale

Introduction générale

L'explosion démographique de la population et l'étalement urbain dans le dernier siècle rendent l'obtention de terrain de construction de plus en plus difficile. La construction sur sols mous cause le plus souvent beaucoup de problèmes de stabilité. Manque de capacité portante suffisante pour supporter tels ouvrages, progression des tassements à court et à long terme, et risque de liquéfaction pour les sols pulvérulents saturés dans les zones à intensité sismique élevée.

Pour résoudre ces problèmes, plusieurs techniques d'amélioration des sols ont été développés tels que le compactage dynamique, le traitement en profondeur, le jet grouting et le renforcement des sols par colonnes. Ces techniques visent à améliorer les caractéristiques mécaniques initiales du sol afin de rendre possible la construction des ouvrages sur des fondations superficielles.

Le renforcement des sols par colonnes ballastées constitue une technique très efficace, moins coûteuse et plus respectueuse vis-à-vis de l'environnement, c'est-à-dire, elle a le moindre impact sur l'environnement en comparaison avec d'autres techniques de renforcement des sols. Elle a pour but généralement l'amélioration des caractéristiques mécaniques des sols mous. Un traitement qui amène à une amélioration globale des sols mous afin de les rendre susceptibles à supporter des fondations des constructions légèrement a moyennement chargées tels que les barrages, les réservoirs pétroliers, les ouvrages d'art ... etc.

Il s'agit de colonnes verticales remplies d'un matériau granulaire bien compacté incorporé par voie sèche (injection d'air) ou par voie humide (injection d'eau). Cette technique consiste d'une purge et substitution de 10 à 35 % du sol en place.

Les caractéristiques mécaniques du matériau granulaire (ballast, gravier) permettent de réduire les tassements différentiels et absolus du sol renforcé. Le temps de consolidation est aussi réduit sous l'effet drainant du ballast incorporé.

Le dimensionnement des fondations reposantes sur un sol renforcé par colonnes s'appuie sur deux justifications : la vérification de la capacité portante des colonnes ballastées [Bouassida et Hadhri, 1995] et la prédiction des tassements du massif renforcé [Sexton, 2014 ; Priebe 1995 ; Bouassida et al. 2003]. La majorité des méthodes de dimensionnement analytiques développées jusqu'à ce jour contient de nombreuses hypothèses simplificatrices telles que le modèle de la cellule élémentaire [Balaam et Booker, 1982]. Ce modèle suppose que la colonne est confinée latéralement dont les déplacements horizontaux sont nuls aux bords de la cellule (état de contraintes-sollicitations triaxial). Par conséquent, les méthodes basant sur ce modèle ne tiennent pas compte de l'effet de groupe sur le comportement global du massif renforcé.

Le présent travail est présenté en cinq chapitres. Les deux premiers traitent successivement le renforcement des sols mous par des colonnes souples ainsi que les fameux modèles et lois de comportement dédiés à la simulation du comportement des différents types des sols. Les trois derniers sont consacrés à l'étude expérimentale et numérique du comportement d'un massif de sols mous renforcés par un groupe de colonnes ballastées. En outre, il a été étudié la prédiction du tassement de ce type de sols renforcés soumis à différents types de chargement en surface. L'influence de l'étreinte latérale offerte par le sol support sur l'estimation et le comportement de l'ensemble sol-colonne est évaluée.

Dans le premier chapitre de cette thèse, une étude bibliographique globale sur le renforcement des sols possédant des mauvaises caractéristiques mécaniques par des colonnes souples a été effectuée. Les différents types de mise en œuvre et les modes d'installation des colonnes ainsi que le champ d'application de ces techniques de renforcement des sols faisant l'objet de la première section du présent chapitre. Ensuite, on procède à récapituler les principaux mécanismes de rupture des massifs de sols renforcés par des colonnes souples. Les fameux modèles proposés pour décrire le comportement de l'ensemble sol-colonne, à savoir le modèle de la cellule composite, faisant l'objet de cette deuxième partie. Dans la troisième partie, on propose d'illustrer les fameuses méthodes de dimensionnement des fondations spéciales. Ces méthodes de justification sont basées sur deux approches fondamentales dans tout calcul des fondations, la vérification de la capacité portante d'une part, et d'autre part, la vérification de l'amplitude des tassements en comparaison avec le seuil des tassements admissibles exigé en fonction de l'importance de l'ouvrage porté (ouvrages nucléaires, réservoirs de stockage des hydrocarbures, etc.) ainsi que selon l'amplitude des contraintes exercées sur le sol (Bâtiment à plusieurs étages, Viaducs et grands ouvrages d'art, etc.).

Dans le deuxième chapitre, une description des fameuses lois de comportement dédiées à la simulation du comportement des différents types des sols a été donnée. Le premier modèle de comportement non-linéaire qui a été présenté dans ce chapitre est le modèle bien connu de Mohr-Coulomb. D'autres lois de comportement évoluées ont été définies ensuite telles que la loi de comportement de Cambridge Cam-Clay et la loi de comportement des sols avec écrouissage HSM. En outre, il a été récapitulé les différents paramètres requis dans chaque modèle et les seuils et valeurs approximatives de ces paramètres essentiels pour différents types de sols.

Le troisième chapitre récapitule une synthèse des résultats d'une campagne d'investigations géotechniques définissant les principales caractéristiques physiques et mécaniques du sol support ainsi que les différents essais effectués sur le matériau incorporé dans les colonnes (le ballast). En outre, ce chapitre présente la description et les résultats issus des essais expérimentaux de chargement en vraie grandeur effectués sur une colonne ballastée et un groupe de colonnes installées dans un sol support présentant des faibles caractéristiques mécaniques.

Le quatrième chapitre comporte une validation expérimentale du modèle numérique proposé pour l'estimation du tassement d'un massif de sols mous renforcés par un groupe de colonnes ballastées. Une comparaison des résultats issus des différents modèles générés avec ceux obtenus par des essais de chargement en grandeur réelle est effectuée. Il présente tout d'abord le modèle bien connu de la cellule composite, en précisant les paramètres et les hypothèses de modélisation retenues par ce modèle. Ensuite, l'analyse des résultats de prédiction du tassement du sol renforcé issus des différents modèles et configurations numériques retenus permet de choisir le modèle le plus adéquat pour prédire le tassement d'un massif de sols renforcés par un groupe de colonnes. À cet égard, le modèle de la cellule composite, d'une colonne isolée, d'un groupe de colonnes ballastées, et le modèle des anneaux équivalents concentriques ont été évalués. Cette évaluation a été effectuée sur des colonnes ballastées flottantes et sur des colonnes ballastées reposant sur un substratum rigide.

Le cinquième et dernier chapitre vise à étudier l'influence des paramètres clés à savoir la rigidité des colonnes et la cohésion offerte par l'étreinte latérale du sol ambiant sur la prédiction du tassement de l'ensemble sol-colonne. Aussi bien, la comparaison des prédictions du modèle de la colonne isolée à celles déduites d'un groupe de colonnes ballastées permet de quantifier et de qualifier l'effet du confinement offert par les colonnes sur l'amélioration du comportement vis-à-vis du tassement des sols renforcés par colonnes.

Chapitre 1

Renforcement des sols mous par des colonnes souples

1. Généralités
2. Mécanismes de ruptures
3. Méthodes de dimensionnement
4. Conclusion

Chapitre 1

Renforcement des sols mous par des colonnes souples

1. Introduction

Dans le premier chapitre, une étude bibliographique globale sur le renforcement des sols possédant des mauvaises caractéristiques mécaniques par des colonnes souples a été effectuée. Les différents types de mise en œuvre et les modes d'installation des colonnes ainsi que le champ d'application de ces techniques de renforcement des sols faisant l'objet de la première section du présent chapitre.

Ensuite, on procède à récapituler les principaux mécanismes de rupture des massifs de sols renforcés par des colonnes souples. Les fameux modèles proposés pour décrire le comportement de l'ensemble sol-colonne, à savoir le modèle de la cellule composite, faisant l'objet de cette deuxième partie.

Dans la troisième partie, on propose d'illustrer les fameuses méthodes de dimensionnement des fondations spéciales. Ces méthodes de justification sont basées sur deux approches fondamentales dans tout calcul des fondations, la vérification de la capacité portante d'une part, et d'autre part, la vérification de l'amplitude des tassements en comparaison avec le seuil des tassements admissibles exigé en fonction de l'importance de l'ouvrage porté (ouvrages nucléaires, réservoirs de stockage des hydrocarbures, etc.) ainsi que selon l'amplitude des contraintes exercées sur le sol (Bâtiment à plusieurs étages, Viaducs et grands ouvrages d'art, etc.).

2. Généralités

Bref historique

La technique de renforcement par colonnes ballastées vise à améliorer les caractéristiques mécaniques des sols mous dans le but d'augmenter la capacité portante et réduire les tassements différentiels et absolus du sol a renforcé sous différents types de chargements.

Les premières utilisations de la technique de renforcement par colonnes relèvent au début du 18e siècle. Des ingénieurs militaires français ont utilisé pour la première fois un renforcement par pieux de sable dans un projet de construction d'une usine sidérurgique construit sur des fondations superficielles dans un site composé des sols compressibles (Moreau et al, 1835). Ensuite, la technique a été oubliée jusqu'en 1933 quand Serzey Steuerman avec Johann Keller ont inventé un vibreur pour compacter le matériau incorporé sous forme de colonnes dans des terrains compressibles en Allemagne (Hu, 1995). La première véritable utilisation de la technique de vibration profonde a été menée par Keller à Berlin en 1937 dont des colonnes de 7.5 m de longueur ont été installées dans un terrain composé par des sables lâches. La capacité portante du massif renforcé a été doublée et la densité relative du sol a été augmentée de 45 % à 80 %. En parallèle, Serzey Steuerman a fondu sa compagnie spécialisée en vibration profonde à Pittsburgh aux États-Unis. Au-delà de cette date, les développements des techniques de vibration profonde ont été menés en parallèle en Allemagne et aux États-Unis dans les années quarante et cinquante.

En 1956, le développement de machines spécialisées récentes en vibration profonde a étendu la marge d'utilisation de la technique. Un forage est réalisé par autofonçage du vibreur. Le forage réalisé est ensuite rempli par un matériau granulaire compacté par passes successives de l'ordre de 0.3 à 1.2 m.

En Algérie, la technique de renforcement par colonnes ballastées a été employée pour la première fois dans le cadre du projet des silos de stockage de céréales au niveau de la zone portuaire de Béjaia. Les premiers renforcements ont été exécutés en 2001 sous un radier rigide qui repose sur des colonnes ballastées de 18m de longueur aillant un diamètre de 80 cm avec un espacement entre axes des colonnes de 1.8 m. Plus de 2500 colonnes ont été installées sous six radiers constituants les fondations des silos de stockage de céréales de 56 m de diamètre (Bahar R. et al. 2011).

Le site est caractérisé par sa faible portance à cause de la présence d'une couche compressible de 14 m de profondeur. Cette couche de sol mou surmonte une couche sableuse située entre 14 et 16 m de profondeur, ce qui augmente le risque de liquéfaction des sols dans les conditions de saturation totale sachant que la Willaya de Béjaia est classée dans la zone sismique de niveau 2 selon le règlement parasismique algérien applicable aux domaines des ouvrages d'art (RPOA 2008).

Techniques de mise en œuvre et procédés d'exécution

Les colonnes ballastées peuvent être installées en utilisant diverses méthodes d'exécution :

a) Par voie humide (vibroreplacement) :

La machine spécialisée est auto foncée avec un lançage à l'eau pour aider la pénétration sous l'effet du poids propre de vibreur. Le sol est déplacé suit au processus d'injection de l'eau, et les particules solides se déplacent à la surface par l'eau durant la réalisation du forage. Une fois le forage atteint la profondeur désirée, le vibreur sera remonté, et le matériau d'apport est incorporé gravitairement dans le forage réaliser. Un compactage du ballast est ensuite achevé par ré-pénétration du vibreur par passes successives de l'ordre de 0.3 à 1.2 m. Un processus qui amène à un déplacement latéral du ballast sur les bords du forage, et par conséquent une expansion de la colonne. Ces étapes seront répétées jusqu'à la fin de l'installation de la colonne. Cette dernière sera finie avec un diamètre de 0.8 à 1.2 m. Plus que le sol en place est compressible, plus que l'expansion de la colonne sera significative.

b) Par voie sèche (vibrodisplacement) :

Le forage est réalisé sous la pression d'air pour aider la pénétration du vibreur sous l'effet de son poids propre et des vibrations profondes. Aucune particule solide ne sera déplacée, et la réalisation du forage sera par vibro refoulement.

Le ballast est incorporé par une benne à la tête du forage. Une expansion latérale résulte suite compactage de la colonne, et cette dernière atteint un diamètre maximal de l'ordre de 0.6 m (moins que celle obtenue par installation par voir humide).

La figure 1.1 illustre les phases d'exécution de la colonne ballastée par les deux méthodes d'installations.

c) Colonnes ballastées pilonnées :

Ce procédé d'exécution est le plus souvent utilisé pour l'installation des pieux de sable. Une technique de renforcement largement employée au Japon (Barksdale et Takefumi, 1991). Elle consiste à enfoncer dans le sol un tube métallique. L'enfoncement du tube sera par fonçage, vibrofonçage ou par battage. Il est évidemment récupérable après l'installation de la colonne et fermé ou ouvert à sa base (Bustamante et al., 1991). Le compactage du matériau constituant les colonnes se fait à l'aide d'un pilon et le matériau d'apport employé peut être un sable, un gravier ou un mélange entre les deux. Le principe de réalisation d'une colonne ballastée pilonnée est illustré dans la figure 1.2.

Le choix de l'outil, de ses caractéristiques et de la méthode de réalisation dépend étroitement de la nature et de l'état de saturation du sol (CFMS, 2011).

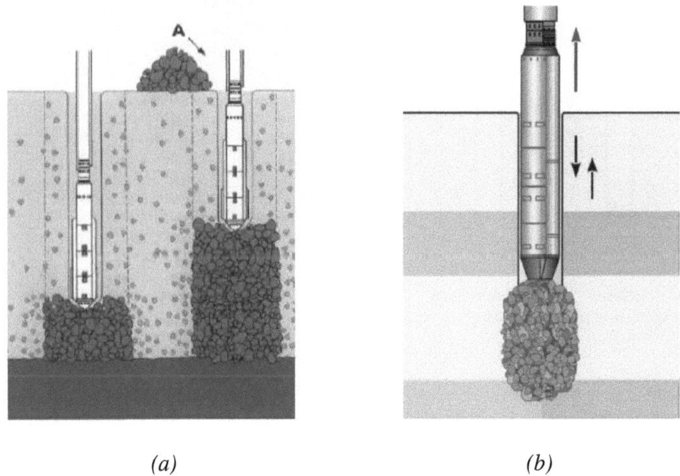

(a) *(b)*

Figure 1.1. Techniques de mise en œuvre des colonnes ballastées :

(a) Voie humide ; (b) Voie sèche.

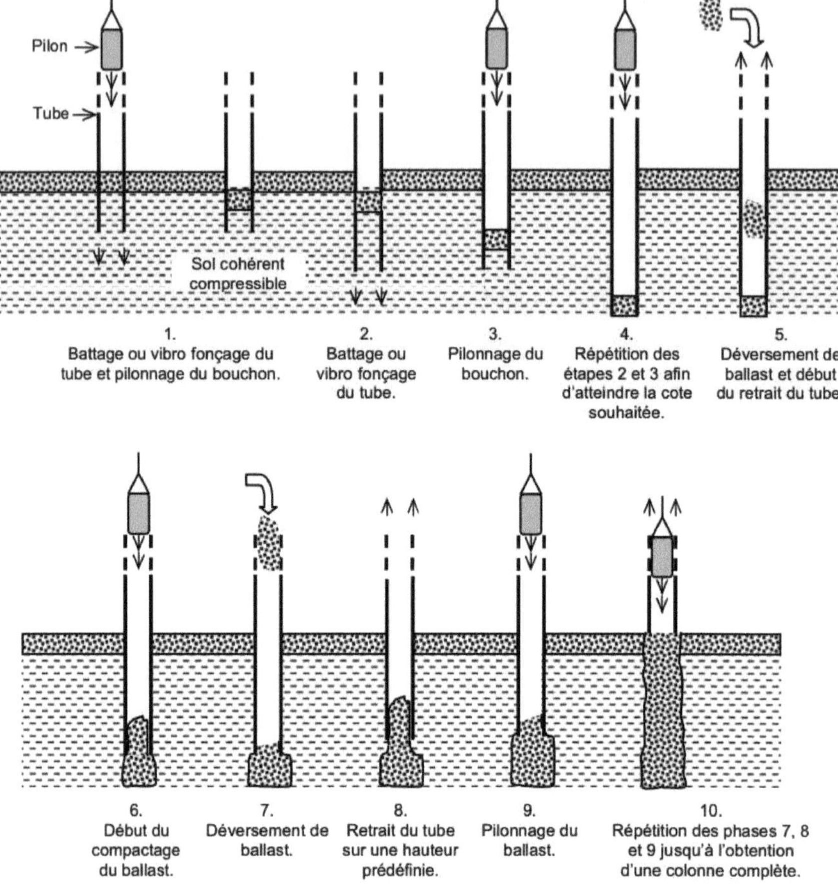

Figure 1.2 Schéma de principe de la réalisation d'une colonne ballastée pilonnée

(Corbeille 2007)

Champ d'application

Les colonnes ballastées ont été utilisées avec succès dans diverses applications telles que :

a) Réduction des tassements des remblais reposant sur des sols compressibles.
b) Amélioration des caractéristiques mécaniques des sols mous afin d'augmenter la capacité portante des fondations superficielles reposantes sur des colonnes et de réduire

les tassements du sol à renforcer sous différents types de constructions (bâtiments, culées des ponts, réservoirs pétroliers, etc.)

c) Stabilisation des talus des versants naturels :

La technique de renforcement par colonnes peut être utilisée pour assurer la stabilité des talus si elles sont installées plus profondes que la surface de rupture circulaire du talus. Les colonnes ballastées ont une résistance au cisaillement plus grande que celle du sol en place s'il s'agit le des sols mous qui posent le plus souvent des problèmes de stabilité. Par conséquent, l'installation des colonnes ballastées améliore la résistance au cisaillement tout au long de la surface de rupture du talus.

Outre des talus de déblai, les colonnes ballastées peuvent être installées sous les remblais de grandes hauteurs dans le but de minimiser le risque de poinçonnement et de réduire les tassements sous ces types de fondations souples. Elles contribuent également à la stabilité des talus de remblais de grandes hauteurs qui doit être étudié avec précaution tout en considérant tous les paramètres géométriques et géotechniques du remblai et du sol support.

d) Projets de prévention contre le risque de liquéfaction :

Le phénomène de liquéfaction se produit suite à une perte totale de la résistance des grains des sables lâches saturés en eau, sous sollicitations séismiques qui engendrent une augmentation brutale des pressions interstitielles (contraintes effectives nulles du matériau). Les colonnes ballastées sont utilisées pour empêcher le risque de liquéfaction des sols par son rôle de densification des sols en place et elles actent autant que drains verticaux ce qui amène à une accélération de la consolidation et de la dissipation des pressions interstitielles.

Les colonnes ballastées ont été utilisées avec succès en 2002 pour empêcher le risque de liquéfaction du sol sous les culées d'un pont routier dans la région de Vancouver British Columbia, zone qui présente de potentielles activités séismiques au Canada (Indraratna, Thème 3 Ch16, 2005).

Les colonnes ballastées installées par les techniques de vibration profondes sont destinées pour améliorer les caractéristiques mécaniques de divers types de sols variant de sables lâches, sables limoneux, limons et argiles molles.

La figure 1.3 présente les domaines d'utilisation de différentes techniques d'amélioration de sol en fonction de la fraction granulaire du sol in situ.

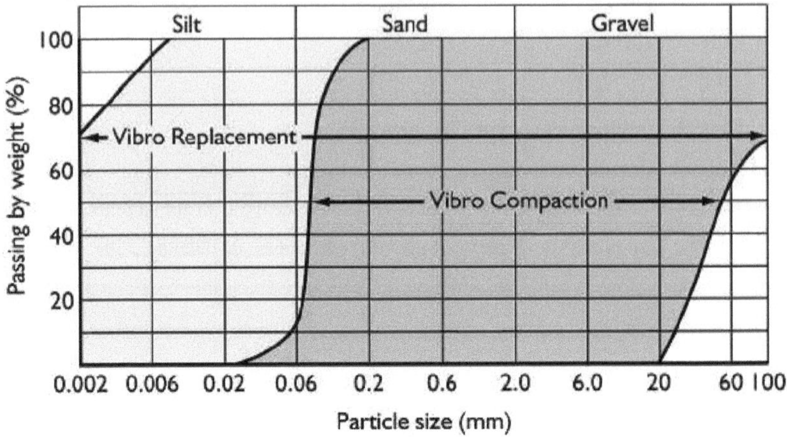

Figure 1.3 Domaine d'utilisation de renforcement du sol en fonction de la fraction granulométrique (Keleen 2012).

La figure montre que les colonnes ballastées peuvent être installées dans tout type de sols, contrairement au vibrocompactage qui est limité pour les sols pulvérulents à fraction granulométrique supérieure à 80 μ.

Les sols susceptibles à être renforcés par colonnes ballastées doivent avoir une résistance au cisaillement minimal de 19 kN/m^2 pour offrir une étreinte latérale suffisante pour soutenir la colonne (Thorburn, 1975). Pour les sols aient une résistance au cisaillement inférieure à 17 kN/m^2, le renforcement par des pieux de sables est recommandé (Barksdale et Bashus, 1983).

3. Mécanismes de ruptures

Les colonnes ballastées peuvent être utilisées pour supporter divers types de structures construits sur des sols compressibles dans différentes configurations pour un chargement étendu uniformément réparti (réservoirs pétroliers, remblais routiers) ou dans des petits groupes de colonnes sous des fondations superficielles isolées ou filantes.

Le comportement des colonnes ballastées dépend essentiellement de la configuration géométrique des colonnes et du mode de chargement appliqué.

La performance de l'installation des colonnes ballastées a été étudiée aux termes de tassement et de la capacité portante. Les premiers travaux ont été conduits au milieu des années soixante-dix sur des modèles réduits en laboratoire sur une colonne isolée.

2.1. Colonne isolée

Le problème d'interaction sol – structure a été investi par plusieurs chercheurs et selon diverses méthodes. La majorité de ces méthodes ont été analytiques ou expérimentales en conduisant des séries d'investigations au laboratoire (essais sur modèles réduits) ou des essais en grandeur réelle. Plus récemment, d'autres études ont basé sur les simulations numériques du comportement des sols à l'aide d'outils informatiques basés sur la méthode des éléments finis.

Sous un chargement appliqué en surface, une colonne souple subira des déformations verticales (tassement) ou des déformations horizontales (expansion latérale, poinçonnement ou cisaillement généralisé).

Essais sur modèles réduits

a) Travaux de l'université de Cambridge

En 1974, Hughes et Withers ont conduit une série d'essais sur des modèles réduits dont des colonnes ballastées isolées ont été installées dans une longueur fixe de 1.5 cm avec un diamètre qui varie entre 1.25 et 3.8 cm. Ces colonnes ont été installées dans un échantillon du sol compressible de Cambridge. Un chargement uniformément réparti a été appliqué seulement sur la tête de la colonne ballastée (surface de la colonne), et les tassements de la colonne et du sol ont été mesurés dans plusieurs points tout au long de la colonne.

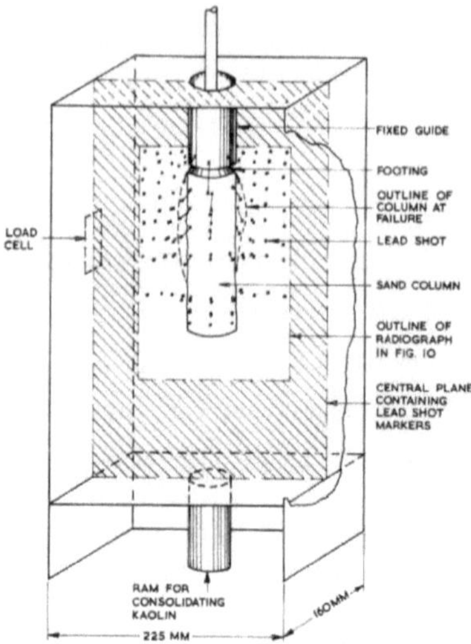

Fig. 6. Consolidometer for testing single stone column

Figure 1.4. Essai de chargement sur un modèle réduit en laboratoire d'une colonne ballastée isolée.

(Hughes et Withers, 1974)

Sous un chargement uniformément réparti en surface, une expansion latérale a été remarquée en tête de la colonne ballastée. L'expansion remarquée deviendra négligeable au-delà de 4 fois du diamètre de la colonne (Figure 1.5). La résistance ultime des colonnes ballastées est fonction de l'étreinte latérale fournie par le sol environnant de la colonne dans la zone de l'expansion latérale. Les auteurs indiquent que le comportement des colonnes ballastées est similaire à celle de la sonde pressiometrique.

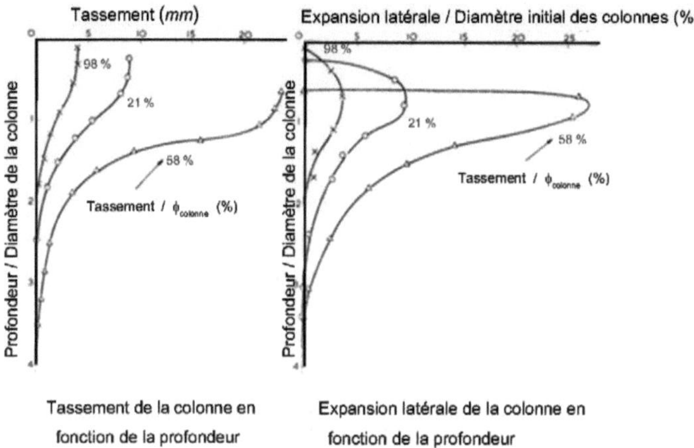

Figure 1.5 Tassements et déplacements latéraux suite au chargement en tête d'une colonne ballastée isolée. (Hughes et Withers, 1974).

Hughes et Withers ont utilisé la théorie de l'expansion d'une cavité cylindrique développée en 1961 par Gibson et Anderson pour déterminer la capacité portante d'une colonne ballastée isolée.

À titre de simplification, les auteurs supposent que la contrainte de cisaillement égale à la cohésion non drainée du sol en place tout au long des parois de la colonne. En se basant sur cette hypothèse, Hughes et Withers ont développé une méthode simple pour déterminer la distribution des contraintes verticales qui agissent tout au long de la colonne isolée.

En outre, les auteurs proposent une longueur critique au-delà duquel les colonnes subirent une rupture simultanément par poinçonnement et par expansion latérale. Cette longueur critique est égale à quatre fois le diamètre initial de la colonne isolée (diamètre avant chargement de la colonne).

Ces travaux présentent la première compréhension des modes de comportement des colonnes ballastées isolées et ont formé la base sur laquelle reposent plusieurs recherches qui ont été effectuées après. Ces études restent notamment à usage pratique dans nos jours.

b) Travaux de Shivashankar et al. 2011

Shivashankar et al. 2011 ont utilisé un modèle réduit selon le principe de la cellule unité pour étudier le comportement d'une colonne ballastée installée dans un sol stratifié dont la couche supérieure est constituée d'une argile molle de faibles caractéristiques mécaniques. Selon Barksdale et Bachus 1983, les déformations latérales ne peuvent se produire sur les bords de la cellule unitaire en raison de la symétrie de la charge uniformément répartie en surface et de la symétrie de la géométrie. Les contraintes de cisaillement sur les limites de la cellule unité sont nulles.

Shivashankar et al. 2011 ont utilisé ce concept de la cellule composite dans leur test sur un modèle réduit afin de prédire le comportement d'une colonne ballastée installée dans un grand groupe de colonnes.

La figure ci-dessous montre la disposition expérimentale du modèle réduit utilisé dans cette série de tests. Deux configurations géométriques ont été adoptées, *(a)* un chargement total uniformément réparti en surface la cellule unité et ; *(b)* un chargement en tête de la colonne dont le taux de renforcement est pris égal à 100 %.

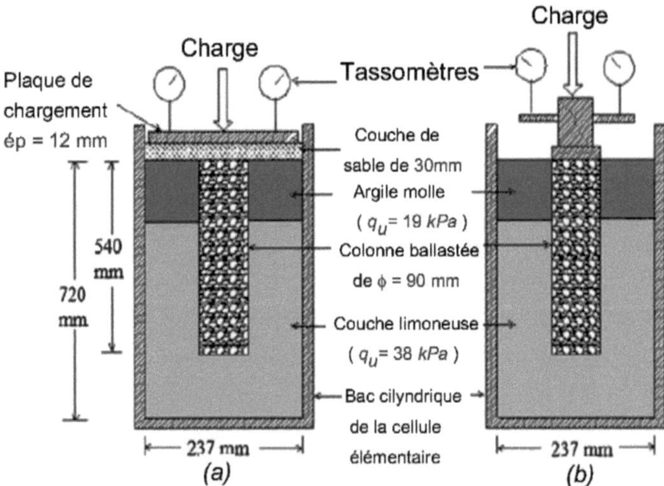

Figure 1.6 Essai de chargement sur modèle réduit d'une colonne ballastée : *(a)* Chargement de la cellule unité ; *(b)* chargement en tête de la colonne. (Shivashankar et al. 2011).

Les auteurs ont montré que la réduction du tassement lorsque les colonnes ballastées sont installées dans un sol stratifié, dont la couche supérieure est caractérisée par des faibles caractéristiques mécaniques, ni pas significative (de l'ordre de 20 à 30%).

Cela s'explique par l'expansion excessive de la colonne ballastée dans les couches supérieures en raison de la mauvaise étreinte latérale offerte par le sol mou environnant.

Dans le cas des couches de sols homogènes, l'expansion latérale maximale a été observée sur une profondeur d'une fois le diamètre de la colonne à partir du fut supérieur de la colonne. En outre, la longueur totale de la colonne ballastée soumise à un une expansion latérale était de 2-3 fois le diamètre de la colonne.

Dans le cas d'une colonne ballastée installée dans des sols stratifiés, l'expansion latérale a été observée principalement dans la couche supérieure caractérisée par des faibles caractéristiques mécaniques.

Essais de chargement en vraie grandeur :

a) Travaux de Hughes, Withers et Greenwood 1975

Hughes et al. 1975 ont effectué un essai de chargement en tête sur une colonne ballastée en grandeur réelle. L'essai consiste à mesurer le déplacement vertical de la tête de la colonne à l'aide de tassomètres ou gauges de mesure. La colonne chargée à un diamètre final de 73 cm avec une longueur totale de 10m. La figure 1.7 présente la disposition expérimentale installée sur le site de l'île de Canvey Island – UK.

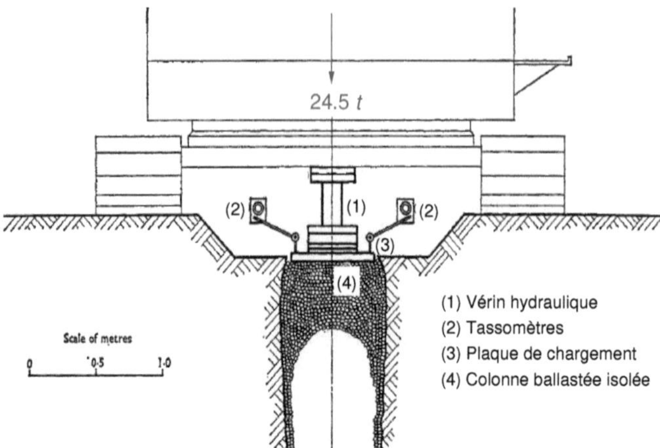

Figure 1.7 Essai de chargement en tête d'une colonne ballastée isolée. (Hughes et al. 1975).

L'objectif de cette série d'essais prototypes était de vérifier les résultats obtenus sur des modèles réduits en laboratoire conduits par Hughes et Withers, 1974.

Les résultats de ce travail reconfirment l'expérience du modèle réduit dont une amélioration considérable de la capacité portante a été obtenue dans la couche superficielle suite à l'installation des colonnes ballastées bien compactées dans l'argile molle.

b) Travaux de Corneille 2007

Afin d'étudier les modes de rupture des colonnes ballastées, Corneille (2007) a effectué une série d'essais de chargement en vraie grandeur. Le travail effectué consiste à étudier le comportement d'une colonne ballastée isolée chargée par une semelle carrée de 1.2x1.2x0.5 m. Une autre semelle de mêmes caractéristiques géométriques reposant sur le sol naturel a été chargée afin de comparer les modes de rupture entre les deux cas, et de quantifier et qualifier les améliorations apportées tout en installant les colonnes ballastées dans un sol de faibles caractéristiques mécaniques.

La figure 1.8 présente le dispositif de l'essai de chargement en grandeur réelle effectué sur une colonne ballastée isolée de 8.7 m de longueur et ayant un diamètre de 80 cm.

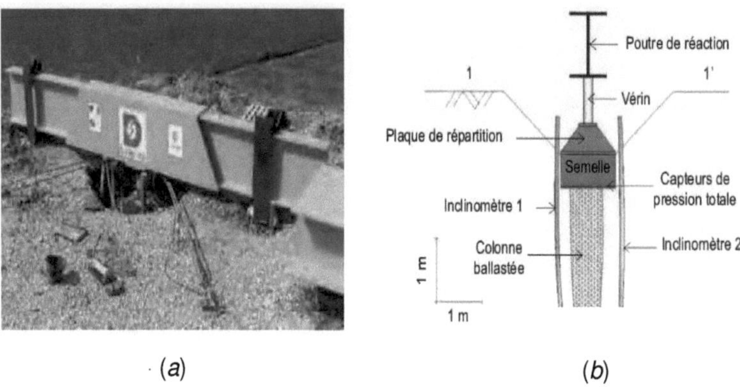

Figure 1.8 Essai de chargement en grandeur réelle :

(a) Dispositif de chargement d'une colonne isolée ; (b). Coupe schématique de l'essai. (Sébastien Corneille, 2007)

Le tassement mesuré de la semelle reposant sur un sol renforcé est de 17.3 mm, soit un facteur de réduction du tassement de 5.5 fois obtenu suite à l'installation de la colonne ballastée.

2.2. Groupe de colonnes

Essais sur modèles réduits

a) Travaux de l'université de Belfast, Royaume – Uni :

En 2004, Mc Kelvey et al., ont étudié dans une série d'essais au laboratoire le comportement de petits groupes de pieux de sable chargés par des fondations isolées, filantes et circulaires. Les colonnes souples installées ont été flottantes dans une longueur variant de 6 jusqu'à 10 fois le diamètre des colonnes.

Suite au chargement imposé en surface, des déformations latérales ont été remarquées. Les colonnes aux bords tendent de se déformer par un flambement latéral, et une légère expansion latérale a été remarquée pour les colonnes centrales probablement du fait de confinement imposé par les colonnes de bords (Figure 1.9).

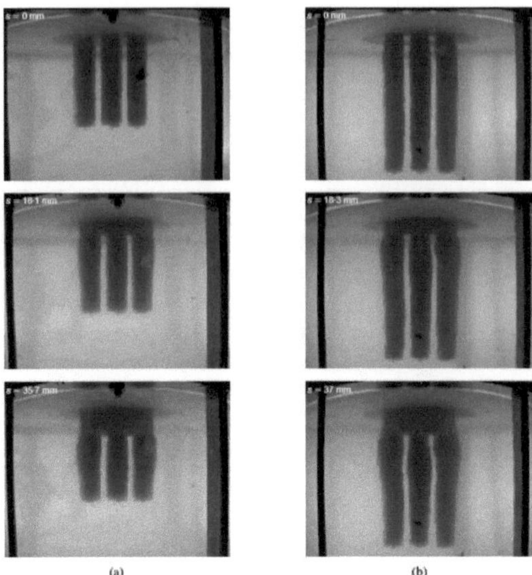

Figure 1.9. Déformations latérales des pieux de sable suite au chargement par une fondation circulaire au début, au milieu et à la fin de processus de chargement : a) L/D=6 ; b) L/D=10.

(Mc Kelvey et al. 2004)

Les photographies montrent qu'une expansion latérale se produit toute au long des colonnes courtes (L=6D). Tandis qu'elle sera plus significative seulement dans la partie supérieure pour les colonnes plus longues (L=10D).

Les auteurs proposent une longueur critique de six fois le diamètre des colonnes ballastées. Au-delà de laquelle n'en obtiendra aucune augmentation de la capacité portante. En outre, toute longueur supplémentaire que cette longueur optimale sera probablement plus significative en termes de tassement.

b) Travaux de l'institut technologique de l'Inde

En 2007, Ambily et Ghandi ont investi dans une série d'essais au laboratoire le comportement des colonnes ballastées installées dans une argile molle reconstituée (la kaolinite). Les essais ont été performés dans des bacs cylindriques tout en examinant l'influence de la cohésion du sol en place, de l'angle de frottement interne du ballast et de l'espacement entre les colonnes sur le comportement global des colonnes ballastées (Figure 1.10).

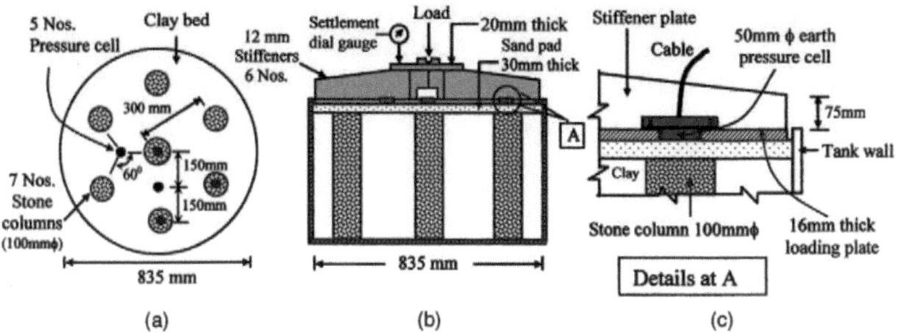

Figure 1.10 Essais de chargement sur modèle réduit des colonnes ballastées.

a) vue en plan ; b) profile en travers ; c) détails de la cellule de pression.

(Ambily et Ghandi, 2007)

Les auteurs indiquent que la capacité portante diminue tout en augmentant l'espacement entre les colonnes. À partir d'un espacement égal à trois fois le diamètre des colonnes, le changement deviendra négligeable.

Chargeant la colonne ballastée seulement, une expansion latérale a été remarquée dans une profondeur de 0.5 le diamètre de la colonne. Quand toute la surface de l'ensemble sol – colonne est chargée, aucune déformation latérale ne se produit (Figure 1.11).

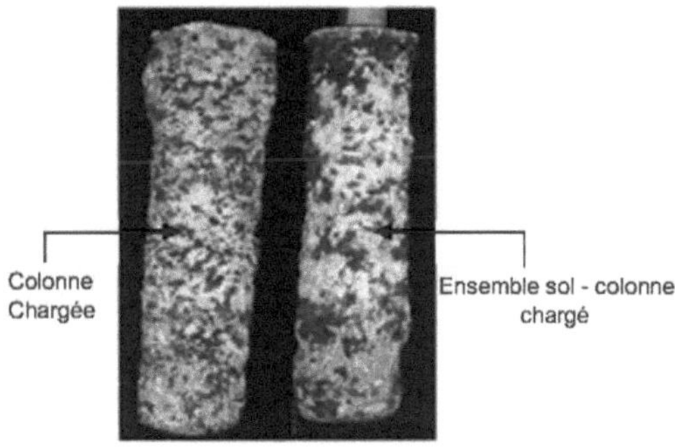

Figure 1.11. Déformation latérale observée suite au chargement des colonnes.

(Ambily et Ghandi, 2007)

4. Méthodes de dimensionnement

La relation contrainte – déformation est différente pour un matériau granulaire que celle d'un matériau contenant une forte proportion de particules fines (< 80μ). Pour un sol renforcé par colonnes ballastées, le comportement de l'ensemble sol – colonne est différent. La contrainte appliquée est répartie sur les deux matériaux.

Principe de la cellule élémentaire

Le principe de la cellule élémentaire (dite en anglais : Unit cell model) consiste à prendre une colonne isolée entourée par le sol ambiant dans un diamètre effectif D_e, qui dépend de la configuration géométrique (Figure 1.12). La cellule est supposée confinée latéralement, et les déplacements horizontaux sont supposés nuls autour de la cellule. Plusieurs recherches antérieures étudiant le comportement d'un sol renforcé par colonnes sont basées sur ce principe simplifié (Balaam et Booker 1881, Sexton et McKabe 2013, etc.).

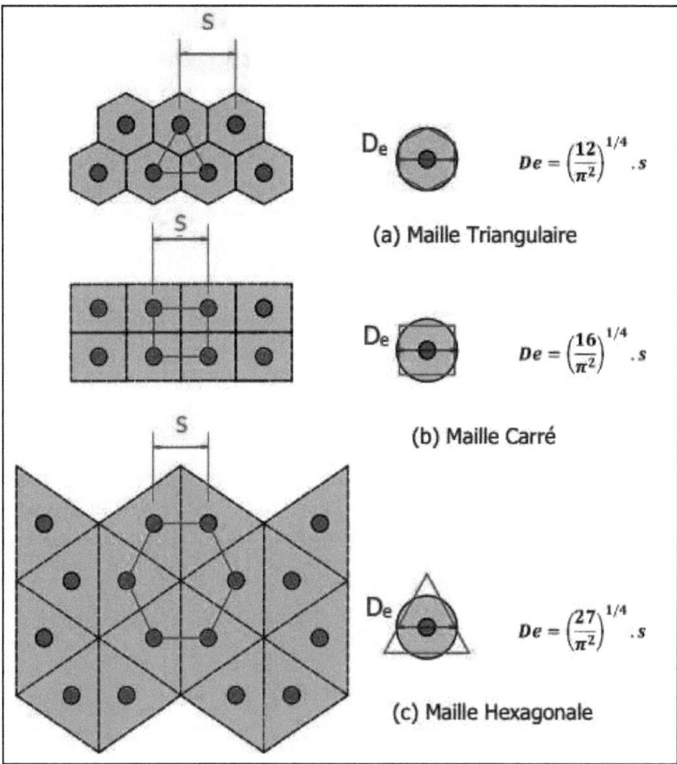

Figure 1.12. Diamètre équivalent en fonction du maillage des colonnes (Balaam et Booker, 1981).

4.1. Dimensionnement vis-à-vis de la capacité portante

a) Hughes et Withers 1974

Comme précédemment indiqués dans la section 1.2.1, Hughes et Withers (1974) ont conduit une série d'essais au laboratoire sur des colonnes ballastées isolées. Une déformation par expansion latérale a été remarquée en tête de la colonne dont elle deviendra négligeable au-delà de quatre fois le diamètre de la colonne (Figure 1.13). Les auteurs indiquent que la capacité portante de la colonne dépende essentiellement de l'étreinte latérale offerte par le sol ambiant qui subira cette déformation latérale.

Les auteurs proposent que la capacité portante ultime d'une colonne ballastée isolée sous laquelle la colonne subira une expansion latérale ait donné par la formule :

$$\sigma'_v = \left(\frac{1+\sin\varphi'}{1-\sin\varphi'}\right)(\sigma_{r0}+4c_u) \quad (Eq.\ 1.1)$$

Où :

φ' et c_u Sont l'angle de frottement interne de la colonne et la cohésion non drainée sol à traité respectivement.

σ_{r0} Présente la pression latérale du sol en place.

Cette formule est la plus couramment utilisée dans nos jours pour le calcul de la capacité portante ultime d'une colonne ballastée isolée (Kelly, 2014).

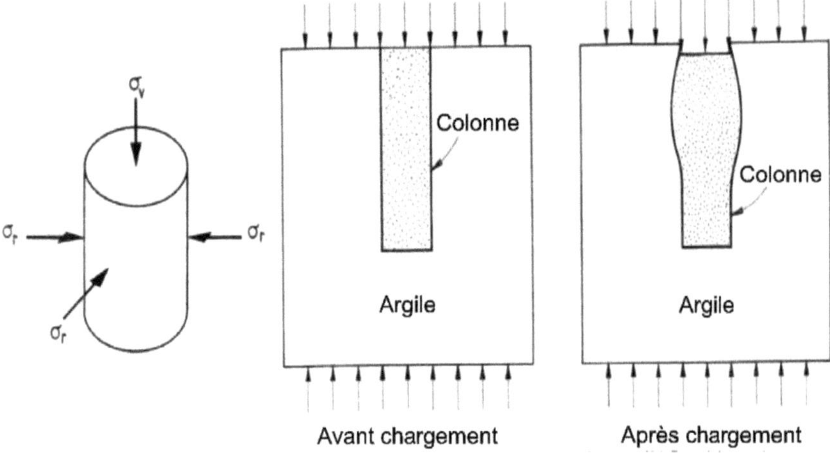

Figure 1.13. Expansion latérale d'une colonne ballastée isolée (Hughes et Withers, 1974).

b) Les courbes de Thorburn 1975

Basant sur l'hypothèse que tout le chargement imposé sur un massif renforcé soit reprise seulement par les colonnes sans participation du sol ambiant, Thorburn et MacVicar (1968), ont proposé une méthode semi-empirique qui permet de déterminé la capacité portante d'une colonne ballastée isolée. Les auteurs indiquent que les colonnes ballastées ne peuvent pas être installées dans les sols ayant une cohésion non drainée inférieure à 19.2 kPa, car ces sols sont incapables d'offrir une étreinte latérale suffisante pour la stabilité globale de la colonne.

Suite à une série d'essais de chargement en vraie grandeur dans divers sites à Glasgow, et après une série d'essais Triaxial sur des modèles réduits en laboratoire, Thorburn (1975), a proposé des diagrammes de pré dimensionnement des colonnes en fonction de la résistance au cisaillement non drainé du sol à traiter (Figure 1.14).

Soyez 1985 indique que les valeurs du diagramme ont été données à titre indicatif et qu'une vérification du diamètre efficace devra impérativement être réalisée sur le chantier.

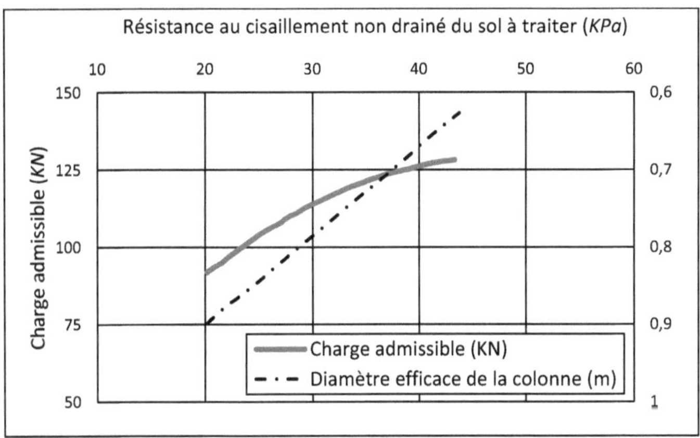

Figure 1.14. Prédiction de la charge admissible en tête et du diamètre d'influence d'une colonne ballastée isolée en fonction de la résistance au cisaillement non drainé du sol.

(Thorburn, 1975)

4.2. Dimensionnement vis-à-vis du tassement

a) Mattes et Poulos 1969

En 1969, Mattes et Poulos ont proposé une solution analytique basée sur la théorie d'élasticité linéaire pour une prédiction préliminaire du tassement d'un pieu isolé dans l'absence des essais de chargement.

Balaam (1978) précise que la méthode développée par Mattes et Poulos (1969) pour les pieux est applicable aussi bien pour les colonnes ballastées. Greenwood et Kirsh (1983) et Madhav (1982) rappellent que cette méthode est à usage courant pour les colonnes ballastées dans de nombreux pays.

D'après les résultats d'analyse de Mattes et Poulos (1969) en éléments finis, l'expression suivante a été proposée afin de prédire le tassement en tête d'un pieu isolé dans un milieu d'épaisseur h infini.

$$s = \frac{\sigma}{E_s \times L_c} \times I_p \quad (Eq.\ 1.2)$$

Où :

σ La contrainte appliquée en tête de la colonne.

E_s Module de Young du sol en place.

L_c Longueur du pieu.

I_p Facteur d'influence.

La figure 1.15.a illustre les valeurs du facteur d'influence I_p en fonction du rapport de la rigidité du pieu à celle du sol en place ($k = E_p/E_s$), ou E_p est le module de Young du pieu.

Les valeurs du facteur d'influence ont été données pour plusieurs valeurs du rapport entre la longueur et le diamètre du pieu (*L /D*) pour un coefficient de poisson du pieu et du sol en place égale à 0.5.

Le tassement immédiat Su, est calculé en admettant un module de Young non drainé du sol (E_s=E_u) et en adoptant un facteur d'influence pour un coefficient de Poisson non drainé (υ_s=υ_u).

Les auteurs proposent que la partie majeure du tassement total se produise à court terme, c'est-à-dire le tassement immédiat est plus important que le tassement de consolidation (figure 1.15.b).

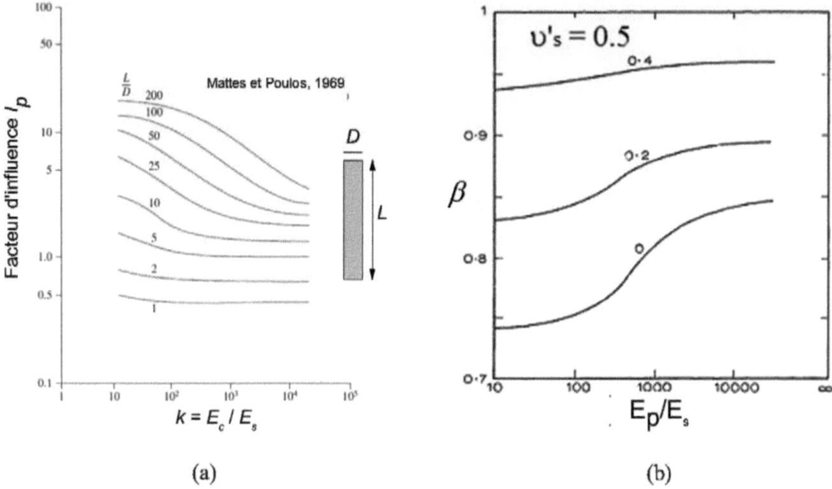

(a) (b)

Figure 1.15. (a) facteur d'influence I_P. (b) Facteur de réduction des tassements β.

(D'après Mattes et Poulos, 1969)

b) Greenwood 1970

Greenwood (1970) a proposé des abaques de dimensionnement permettant de prédire les tassements de consolidation (tassements à long terme) d'un sol mou renforcé par colonnes ballastées sous des fondations de grandes dimensions.

Ces abaques ont été développés suivant une méthode empirique dont les paramètres requis pour le dimensionnement sont la résistance au cisaillement du sol à traiter et le mode d'installation des colonnes ballastées (Figure 1.16). Les abaques montrent que les colonnes ballastées installées par voie humide offrent plus de performance, au terme du tassement, que celles installées par voie sèche. Ceci est dû peut-être aux grands diamètres fournis suivant la mise en œuvre des colonnes par voie humide (voir section 1.1).

Les abaques proposés ne tiennent pas compte des tassements immédiats ni des déformations induites par les cisaillements du sol. En outre, les colonnes sont supposées installées sur un substratum rigide, c'est-à-dire reposant sur une argile ferme, un sable ou un sol plus consistant.

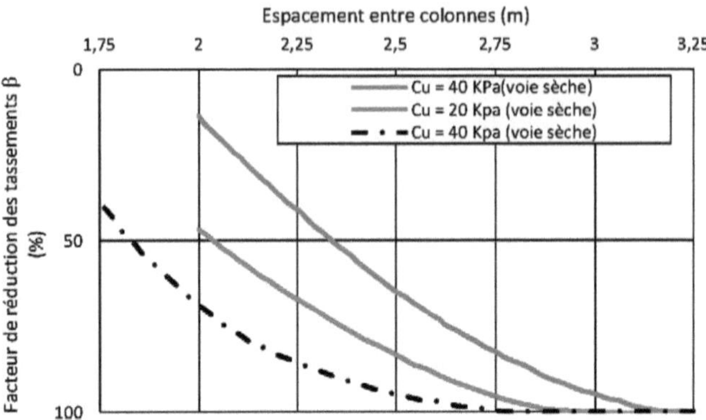

Figure 1.16. Diagramme définissant le facteur de réduction des tassements des colonnes ballastées installées dans une couche d'argile molle homogène. (Greenwood 1970)

c) Aboshi et al. 1979

Aboshi et al. 1979., ont proposé une formule de prédiction analytique du tassement d'un sol renforcé par colonnes. L'expression proposée est basée sur la méthode d'équilibre limite appliquée sur le modèle de la cellule unité en fonction du facteur de concentration des contraintes n qui présente le rapport entre les contraintes prises par la colonne et celles prises par le sol environnant.

La solution analytique proposée par les auteurs est basée sur les hypothèses de calcul suivantes :

- Le tassement est supposé uniforme sur toute la surface de la cellule, c.-à-d. le chargement est supposé rigide en surface de la cellule unité.
- L'incrément de distribution des contraintes et des déformations associées dues au chargement imposé en surface est supposé contant en fonction de la profondeur, cela signifie que les valeurs du facteur de concentration des contraintes sont indépendantes de la profondeur.
- L'incrément des contraintes dues au chargement imposé en surface est minimal en comparaison avec la pression des poids des terres.

Le facteur de réduction des tassements est donné par la formule :

$$\beta = \frac{S_{rein}}{S_{unrein}} = \frac{1}{1 + (n-1)\eta} \qquad (Eq.\ 1.3)$$

d) Balaam et Booker 1981, 1985

En 1981, Balaam et Booker ont proposé une solution analytique en utilisant la théorie de l'élasticité linéaire pour prédire le tassement des radiers rigides de grandes dimensions reposants sur un sol renforcé par colonnes ballastées. Le principe de la cellule élémentaire soumise aux conditions œdométriques a été utilisé pour simplifier le problème.

Les auteurs ont utilisé la théorie de Biot (1941), pour le calcul de la consolidation, ce qui a conduit à déduire que l'écoulement dans un sol renforcé par colonnes ballastées se produit principalement dans le sens radial (écoulement horizontal) et que l'écoulement vertical est négligeable.

Tant que la rigidité de la colonne ballastée est beaucoup plus forte que celle du sol en place, la colonne tient plus de contraintes que le sol en place. Balaam et Booker proposent que la contrainte reprise par la colonne augmente avec l'accroissement du rapport entre le module d'élasticité de la colonne à celle du sol environnant, et que le facteur de concentration des contraintes dépend essentiellement du taux de renforcement des colonnes.

L'analyse de Balaam (1978) trouve qu'au début du chargement, la majorité de la contrainte sera reprise par le sol en place, car il est non drainé et par conséquent un peu plus raide que le ballast. Cette situation sera renversée en fur et à mesure de l'augmentation de la contrainte du chargement (Figure 1.17).

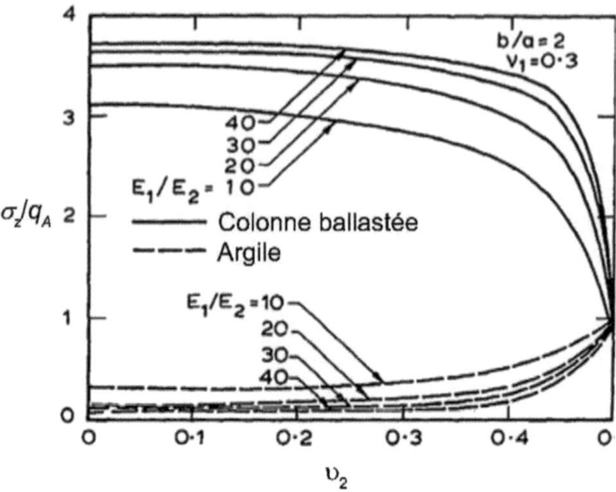

Figure 1.17. Facteur de concentration des contraintes entre la colonne et le sol environnant en fonction du coefficient de Poisson (Balaam, 1978).

Balaam et Booker 1981 ont basé sur un calcul en éléments finis et ils ont supposé que la colonne ballastée et le sol agissent en tant que des matériaux élastiques. Les auteurs proposent que l'expression donnant le facteur de réduction des tassements vaille :

$$S = \frac{q_A \times {R_e}^2}{(\lambda_c + 2 \times G_c){R_c}^2 + (\lambda_s + 2 \times G_s) \times ({R_e}^2 - {R_c}^2) - 2{R_c}^2 \times (\lambda_c - \lambda_s) \times F} \quad (Eq.1.4)$$

Avec :

$$F = \frac{(\lambda_c - \lambda_s) \times ({R_e}^2 - {R_c}^2)}{2 \times {R_c}^2 \times (\lambda_s - \lambda_c + G_s - G_c) + {R_e}^2 \times (\lambda_c + G_c + G_s)} \quad (Eq.\ 1.5)$$

Où :

q_A Charge uniformément répartie en surface de la cellule élémentaire.

λ Premier coefficient de LAMÉ [(1)].

G Second coefficient de LAMÉ, aussi appelé module de cisaillement en élasticité linéaire.

$$\lambda = \frac{E \times v}{(1+\nu)(1-2\nu)} \quad (Eq.\ 1.6)$$

$$G = \frac{E}{2(1+\nu)} \quad (Eq.\ 1.7)$$

Le tableau ci-dessous cumule des formules reliant entre les propriétés élastiques des matériaux homogènes, isotropes et linéaires.

Tableau 1.1. Relations entre les modules d'élasticité pour des matériaux homogènes et isotropes.

	(λ, G)	(E, G)	(K, λ)	(K, G)	(λ, ν)	(G, ν)	(E, ν)	(K, ν)	(K, E)	(M, G)
$K=$	$\lambda+\frac{2}{3}G$	$\frac{E.G}{3(3G-E)}$			$\frac{\lambda(1+\nu)}{3.\nu}$	$\frac{2G(1+\nu)}{3(1-2.\nu)}$	$\frac{E}{3(1-2.\nu)}$			$M-\frac{4}{3}G$
$E=$	$\frac{G(3\lambda+2G)}{\lambda+G}$		$\frac{9K(K-\lambda)}{3K-\lambda}$	$\frac{9.K.G}{3K+G}$	$\frac{\lambda(1+\nu)(1-2\nu)}{\nu}$	$2G(1+\nu)$		$3K(1-2\nu)$		$\frac{G(3M-4G)}{M-G}$
$\lambda=$		$\frac{G(E-2G)}{3G-E}$		$K-\frac{2G}{3}$		$\frac{2.G.\nu}{1-2.\nu}$	$\frac{E.\nu}{(1+\nu)(1-2.\nu)}$	$\frac{3.K.\nu}{(1+\nu)}$	$\frac{3.K(3K-E)}{9K-E}$	$M-2.G$
$G=$			$\frac{3}{2}(K-\lambda)$		$\frac{\lambda}{2\nu}(1-2\nu)$		$\frac{E}{2(1+\nu)}$	$\left(\frac{3.K}{2}\right).\left(\frac{1-2\nu}{1+\nu}\right)$	$\frac{3.K.E}{9K-E}$	
$\nu=$	$\frac{\lambda}{2(\lambda+G)}$	$\frac{E}{2.G}-1$	$\frac{\lambda}{3.K-\lambda}$	$\frac{3.K-2.G}{2.(3.K+G)}$					$\frac{3.K-E}{6.K}$	$\frac{M-2.G}{2.M-2.G}$
$M=$	$\lambda+2.G$	$\frac{G(4.G+E)}{3.G-E}$	$3.K-2.\lambda$	$K+\frac{4.G}{3}$	$\frac{\lambda(1-\nu)}{\nu}$	$\frac{2.G(1-\nu)}{1-2.\nu}$	$\frac{E(1-\nu)}{(1+\nu)(1-2.\nu)}$	$\frac{3.K(1-\nu)}{(1+\nu)}$	$\frac{3.K(3.K+E)}{9.K-E}$	

4.3. Approche de Bouassida et Carter 2014

Basant sur la théorie de plasticité, Bouassida et Carter (2014) proposent une méthodologie pour le dimensionnement des colonnes ballastées.

La première étape de dimensionnement consiste à déterminer une borne inférieure de la capacité portante ultime minimale d'un sol renforcé par colonnes afin de déterminer un facteur de substitution minimal η_{min}.

Capacité portante du massif renforcé

Suivant un calcul en analyse limite, Bouassida et Carter ont proposé une méthodologie pour déterminer une borne inférieure de la capacité portante du massif renforcé, σ_{ult}^{-}. Cette analyse est proposée pour les sols purement cohérents renforcés par des colonnes dont le matériau incorporé est frottant. Bouassida et Hadhri (1995) indiquent que la borne inférieure de la capacité portante vaut :

$$\frac{\sigma_{ult}^{-}}{A_F} = \sigma_{sr} = (1-\eta) \times \sigma_s + \eta \times \sigma_c \quad (Eq.\ 1.8)$$

Avec :

σ_{ult}^{-} Capacité portante minimale de l'ensemble sol – colonnes.

A_F Surface de la fondation.

η Facteur de substitution.

σ_s Charge reprise par le sol.

σ_c Charge reprise par les colonnes.

En fonction du mécanisme de rupture des colonnes ballastées, la capacité portante minimale sera donnée par :

$$\sigma_{sr} = \frac{(1-\eta) \times \sigma_s + \eta \times \sigma_c}{F_{sr}} \quad (Eq.1.9)$$

Où : F_{sr} Facteur de sécurité du sol renforcé, avec : $1 < F_{sr} < 2$.

La capacité portante du sol renforcé doit être inférieure au chargement imposé par la fondation dont :

$$\frac{Q_f}{A_F} \leq \sigma_{sr} \quad (Eq.\ 1.10)$$

Q_f Chargement appliqué par la fondation.

À partir de l'équation (1.9) et (1.10), le facteur de substitution vaut :

$$\eta \geq \frac{F_{sr} \times \left(\frac{Q_f}{A}\right) - \sigma_s}{\sigma_c - \sigma_s} = \eta_{min} \quad (Eq.\ 1.11)$$

La valeur minimale du facteur de substitution η_{min} ,correspond à la quantité minimale du matériau d'apport a incorporé dans les colonnes pour augmenter la capacité portante du sol de σ_s à σ_{sr}. En outre, si $\eta_{min} \leq 0$, le renforcement du sol n'est pas nécessaire et la capacité portante du sol en place est suffisante pour tenir le chargement appliqué par la fondation.

Tassement des colonnes ballastées

Basant sur une approche variationnelle dans l'élasticité linéaire, Bouassida et al. (2003 a) ont proposé une expression donnant une borne inférieure du module de Young du sol renforcé, E^-_{sr} dont :

$$E_{sr} = \frac{(Q_f/A)}{S_t} \times H_c \geq E^-_{sr} \quad (Eq.\ 1.12)$$

Tant que :

$$E_{sr} = E_{Hom} = (1-\eta) \times E_s + \eta \times E_c \quad (Eq.1.13)$$

L'équation (1.12) devient :

$$S_t \leq \frac{\left(\frac{Q_f}{A}\right)}{(1-\eta) \times E_s + \eta \times E_c} \times H_c = S_t{}^+ \quad (Eq.1.14)$$

La borne supérieure du tassement, $S_t{}^+$ a été estimé en considérant un module de Young homogénéisé du massif de fondation renforcé. Il est ensuite requis que le tassement admissible $S_t{}^-$ du massif de fondations renforcé doit se conformer avec la borne supérieure du tassement $S_t{}^+$dont :

$$S_t{}^- \leq S_t{}^+ \quad (Eq.\ 1.15)$$

On peut donc déduire que :

$$\eta \leq \frac{\left(\left(\frac{Q_f}{A}\right) \times \left(\frac{H_c}{S_t}\right)\right) - E_s}{(E_s - E_c)} = \eta_{max} \quad (Eq.\ 1.16)$$

Avec :

E_s Module de Young du sol en place.

E_c Module de Young des colonnes ballastées.

E_{Hom} Module de Young homogénéisé.

H_c Longueur des colonnes ballastées.

S_t^- Tassement admissible du massif de sol de fondation renforcé par colonnes.

S_t^+ Borne supérieure du tassement de sol renforcé.

Facteur de substitution optimisé

La première étape de dimensionnement consiste à déterminer une borne inférieure de la capacité portante admissible du massif de fondation renforcé, et donc, une valeur minimale est requise du facteur de substitution, η_{min} (Bouassida et Hadhri, 1995).

La deuxième étape de dimensionnement consiste à déterminer une borne supérieure du tassement admissible du sol renforcé, et donc, une valeur maximale requise du facteur de substitution, η_{max} (Bouassida et al. 2003b).

Dans cet intervalle, Bouassida et Carter (2014) proposent une valeur optimisée du facteur de substitution η_{opt}, qui peut être déterminée en fonction du tassement admissible adopté pour le dimensionnement.

Un calcul itératif sera ensuite effectué dans l'intervalle $[\eta_{min} - \eta_{max}]$. Ceci est effectué en incrémentant η en petites valeurs dans l'intervalle défini en commençant par η_{min}. Ensuite, une prédiction du tassement correspondant à chaque valeur de η choisie sera effectué.

5. Conclusion

Ce premier chapitre récapitule les fondamentaux principes du renforcement des sols mous par des colonnes souples. Les différents procédés d'exécution à savoir l'installation des colonnes par voie sèche et l'installation avec injection de l'eau (par voie humide) ont été présentés. Les champs d'application de ce type de renforcement ainsi que leurs diverses utilisations ont été détaillées.

En outre, ils ont été présentés les différents mécanismes de rupture résultants sous divers types de sollicitations et chargement, étendu uniformément réparti tels que les réservoirs pétroliers de grand diamètre ou les remblais routiers. Ainsi que le comportement des petits groupes de colonnes installées sous des fondations superficielles isolées ou filantes.

En conclusion de ce chapitre, ils ont été montrés les fameuses méthodes de dimensionnement des fondations spéciales qui sont basées sur la vérification de la capacité portante d'une part, et celles qui sont basées sur la vérification des tassements en comparaison avec les tassements admissibles d'autre part.

Chapitre 2

Lois de comportement et analyses numériques

1. Introduction
2. Théorie d'élasticité linéaire
3. Loi de comportement de Mohr – Coulomb
4. Loi de comportement CAM-Clay
5. Loi de comportement de sol avec écrouissage HSM
6. Simulation numérique et comportement des ouvrages géotechnique
7. Conclusion

Chapitre 2
Lois de comportement et analyses numériques

1. Introduction

Depuis une trentaine d'années, l'utilisation de la méthode des déférences finies a connu un essor considérable dans la simulation du comportement des massifs de sols et des différents ouvrages géotechniques. Le recours à des méthodes numériques et à des lois de comportement est devenu, de plus en plus, une nécessité dans toute étude géotechnique.

La modélisation numérique est une étape décisive qui garantit la qualité des analyses et offre une prévision du comportement des sols sous différents modes de chargement et sous divers types de sollicitations.

La loi de comportement est une représentation mathématique du comportement d'un petit élément de volume macroscopique dans le sol soumis à un chargement quelconque. Elle exprime notamment la relation entre les contraintes et les déformations. La plus simple de ces représentations est la théorie d'élasticité qui suppose que les contraintes et les déformations sont liées linéairement. Lorsqu'une contrainte est appliquée sur un matériau élastique, les déformations et les déplacements résultants se produisent instantanément et restent constants avec le temps du chargement. Cependant, les géomatériaux et spécialement les sols ne se comportent jamais dans une telle condition idéale et simple. C'est pour cette raison que plusieurs études et recherches avancées ont été menées dans le but de conduire au développement des lois de comportement évoluées afin de donner une meilleure représentation mathématique qui relie les efforts à leurs déformations associées et qui simule le comportement réel des sols soumis à des chargements quelconques en surface. Le premier modèle de comportement non-linéaire qui a été présenté dans ce chapitre est le modèle bien connu de Mohr-Coulomb. D'autres lois de comportement évoluées ont été définies ensuite telles que la loi de comportement de Cambridge Cam-Clay et la loi de comportement des sols avec écrouissage HSM. En outre, il a été récapitulé les différents paramètres requis dans chaque modèle et les seuils et valeurs approximatives de ces paramètres essentiels pour différents types de sols.

2. Théorie d'élasticité linéaire

La théorie d'élasticité linéaire a pour objectif l'étude des déformations des corps sous l'action des forces (Poincare H. et al. 1892). L'expression mathématique de la loi constitutive des matériaux linéaires élastiques est donnée par la loi de Hook [(3)] (François Frey, 2006) :

$$\sigma = E.\varepsilon \quad \text{(Éq. 2.1)}$$

Avec :

E Module d'élasticité ou module de Young [(4)].

Bowles 1997 a proposé une gamme de valeurs du module de Young E qui pourraient être obtenues selon la nature du sol (voir tableau 1).

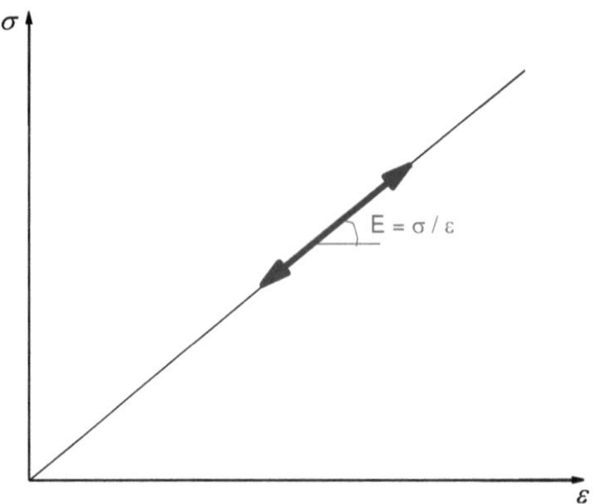

Figure 2.1. Schématisation de la loi de comportement élastique linéaire (loi de Hooke).

Tableau 2.1. Seuils du module de Young selon la nature du sol (Bowles, 1997).

		E_s *(MPa)*
Argile	Très molle	2-15
	Molle	5-25
	Medium	15-50
	Ferme	50-100
Lœss		15-60
Sable	Limoneux	5-20
	Lâche	10-25
	Dense	50-81
Sable graveleux	Lâche	50-150
	Dense	100-200

Le modèle élastique linéaire est basé sur la loi de Hook (Éq. 2.1), qui suppose que le sol agit comme étant un matériau élastique linéaire. C'est-à-dire, les déformations résultantes d'un chargement quelconque sont totalement réversibles. Le comportement élastique s'exprime par deux paramètres, le module de Young (E) et le coefficient de Poisson (υ).

Le coefficient de Poisson est défini par le rapport entre la déformation horizontale et la déformation verticale, soit : $v = \frac{\varepsilon_h}{\varepsilon_v}$ (Éq. 2.2).

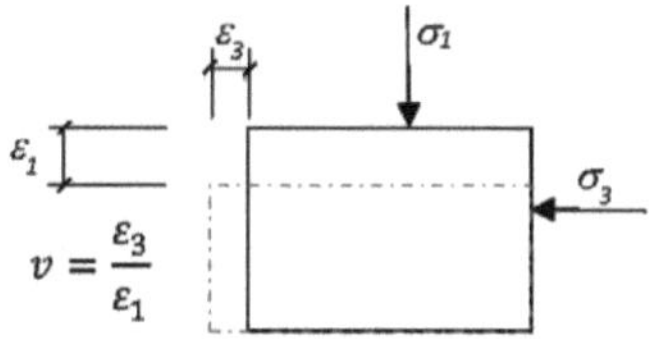

Le tableau 2 récapitule une gamme de valeurs du coefficient de Poisson v des différentes classes des sols proposées par Bowles 1997.

Tableau 2.2. Valeurs approximatives de v d'après Bowles, 1997

Types de sols	v
Argiles saturées	0.4 – 0.5
Argiles non saturées	0.1 – 0.3
Argiles sableuses	0.2 – 0.3
Limons	0.3 – 0.35
Sables, sables graveleux	0.3 – 0.4
Roches	0.1 – 0.4
Lœss	0.1 – 0.3

Ce modèle ne donne pas une vraie représentation du comportement relativement complexe des sols. Il est adopté seulement pour simuler le comportement des éléments structuraux (Fondations superficielles, fondations semi-profondes ou puits, fondations profondes ou semelles reposantes sur des pieux, murs de soutènement, parois rigides, etc.).

3. Loi de comportement de Mohr – Coulomb

Le modèle bien connu de Mohr – Coulomb peut être considéré comme une approximation au premier ordre du comportement réel du sol. Cette loi élastique parfaitement plastique est utilisée pour simuler le comportement des sols cohérents à long terme (argiles et limons), des sols pulvérulents (sables et graviers) et de certaines roches (Magnan, 1997).

Le comportement du sol avant la rupture est décrit par la loi d'élasticité linéaire isotrope de Hook. La rupture du sol est décrite ensuite par le critère de rupture de Mohr – Coulomb.

Dans le plan de Mohr, la droite intrinsèque est représentée par :

$$\tau = \sigma \tan \varphi + c \quad \text{(Éq. 2.3)}$$

Dont τ et σ présentent la contrainte de cisaillement et la contrainte normale. C et ϕ présentent la cohésion et l'angle de frottement interne du sol.

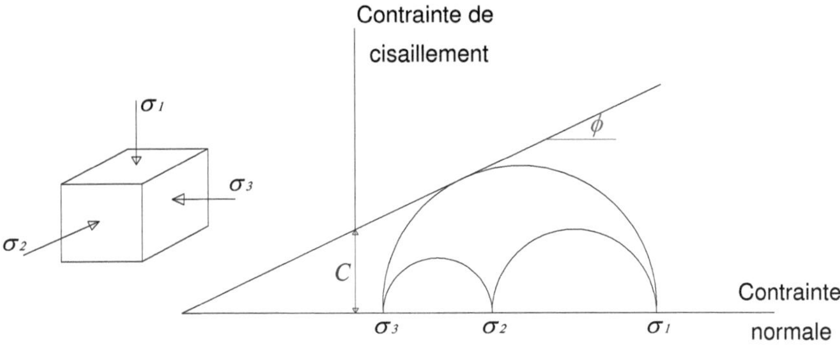

Figure 2.2. Courbe intrinsèque du modèle de Mohr-Coulomb.

Ce modèle nécessite cinq paramètres fondamentaux : le module de Young (E), le coefficient de Poisson (υ), l'angle de frottement (φ), la cohésion (c) et l'angle de dilatance (ψ) (Brinkgreve R.B.J. 2003). Ces paramètres peuvent être déterminés à partir des résultats d'essais au laboratoire tels que l'appareil triaxial, la boîte de cisaillement direct ou l'œdomètre.

La figure 3 récapitule d'une part les résultats d'essais triaxiaux standards (essais triaxiaux de compression). Et d'autre part, la simulation de ce fameux essai de cisaillement des sols par la loi de comportement de Mohr-Coulomb. La figure ci-dessous illustre aussi bien les différentes relations qui existent entre les paramètres essentiels de ce modèle de comportement élastoplastique à savoir le module de Young *(E)*, le coefficient de Poisson *(v)*, la cohésion du sol *(c)*, l'angle de frottement interne du sol *(φ)* et l'angle de dilatance du sol *(ψ)*. Aussi bien, ils sont montrés les différentes pentes de la représentation théorique.

La variation de volume durant la phase plastique est caractérisée par la quantité :

$$\frac{d\varepsilon_v}{d\varepsilon_a} = \frac{2\sin\psi}{1-\sin\psi} \quad \text{(Éq. 2.4)}$$

L'angle ψ est dit angle de dilatance du fait qu'il présente la quantité de variation de volume durant la phase de plasticité et donc il définit l'augmentation de volume dans la poste plasticité.

Quand les deux paramètres, angle de frottement interne du sol et angle de dilatance du sol, sont nuls, la loi de comportement est appelée **loi de Tresca**. La figure 4 illustre la représentation des deux lois de comportement de Mohr-Coulomb et Tresca dans l'espace des contraintes principales.

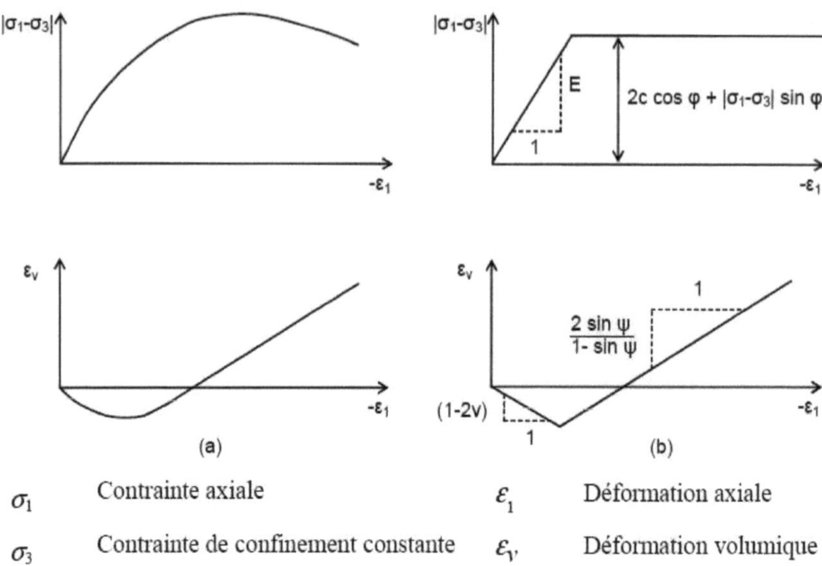

Figure 2.3. (a) Résultats d'essais triaxiaux standards ; et (b) Modèle élastoplastique de la loi Mohr-Coulomb (Brinkgreve et al. 2003).

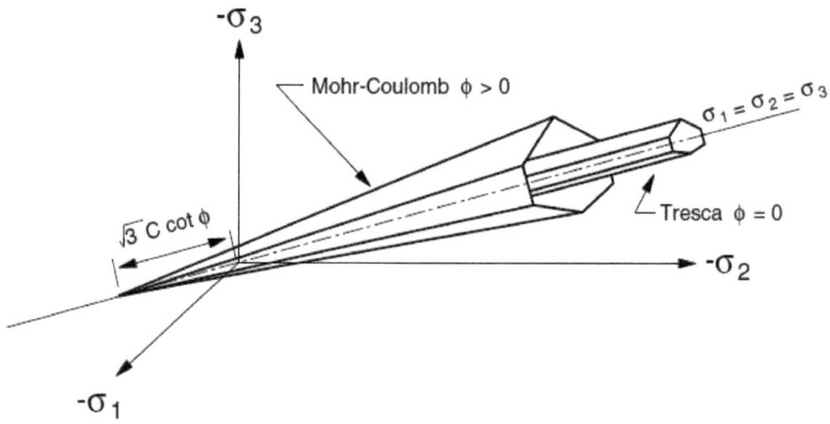

Figure 2.4. Représentation de la loi de comportement de Mohr-Coulomb et de Tresca dans l'espace des contraintes principales (FLAC3D. 2015).

4. Loi de comportement de Cambridge, Royaume-Uni (en anglais CAM-Clay)

Tant que les essais ordinaires en mécanique des sols et géotechnique tel que les essais de cisaillement comme l'essai triaxial de révolution ou les essais œdométriques ne représentent dans aucun cas ou que rarement l'état de contraintes transmises au sol par un chargement quelconque en surface (semelle rigide, remblai routier, etc.), parce que ce type d'essai correspond à un état de symétrie axiale (et donc, on est plus près des conditions de déformation planes), il est donc opportun de développer une relation théorique reliant les efforts aux déformations associées et qui permet de simuler le comportement réel du sol soumis à un chargement quelconque à partir des résultats d'essais ordinaires en mécaniques des sols.

C'est qu'en 1958 que Roscoe et al. De l'université de Cambridge (Royaume-Uni) ont établi des relations générales effort-déformation du comportement des sols argileux saturés soumis aux essais de cisaillement rectiligne à la boite de Casagrande, aux essais triaxiaux de révolution et aux essais œdométriques. Les résultats obtenus et les formules associées ont été fondés sur la théorie de l'élastoplasticité avec écrouissage (Roscoe et al. 1958). Les modèles de comportement développés ont été effectués principalement pour simuler le comportement des argiles reconstituées en laboratoire.

L'état de contrainte est décrit dans le cas des essais de cisaillement par le triaxial de révolution par :

$$\begin{cases} P' = {}^{1}/_{3}.(\sigma_1' + 2\sigma_3') & (\acute{E}q.\ 2.5) \\ q = \sigma_1' - \sigma_3' = \sigma_1 - \sigma_1 & (\acute{E}q.\ 2.6) \end{cases}$$

P' : Contrainte effective moyenne.

q : Déviateur des contraintes.

Tant que $\sigma = \sigma' + u$ $(\acute{E}q.\ 2.7)$ et que $\tau = \tau'(\acute{E}q.\ 2.8)$ (fameux postulat de Terzaghi).

Et soit dans le cas d'un essai triaxial non drainé de compression :

$$\begin{cases} P' = {}^{1}/_{3}.(\sigma_1 + 2\sigma_1) = P_0 + (1/3).q & (\acute{E}q.\ 2.7) \\ q = \sigma_1 - \sigma_3 & (\acute{E}q.\ 2.8) \end{cases}$$

Les contraintes effectives valent donc :

$$\begin{cases} P' = P - u = {}^{1}/_{3}.(\sigma_1 + 2\sigma_1) - u & \text{(Éq. 2.9)} \\ q \;=\; \sigma_1{}' - \sigma_3{}' & \text{(Éq. 2.10)} \end{cases}$$

La figure 5 présente le chemin des contraintes effectives et totales pour un essai de cisaillement triaxial de révolution non drainé de compression.

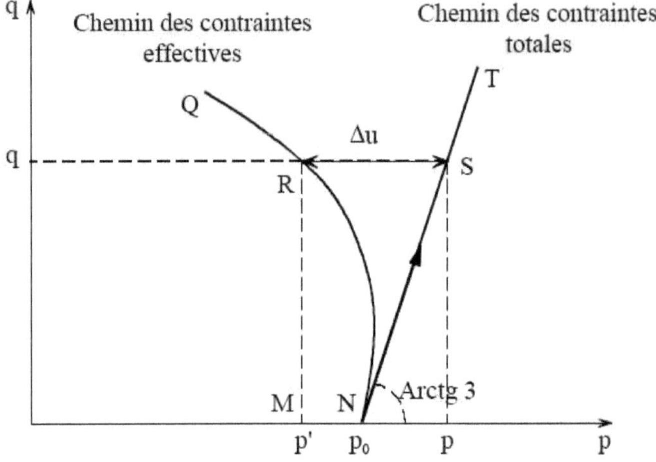

Figure 2.5. Présentation du chemin des contraintes effectives et totales.

Le tableau ci-dessous (tableau 2) récapitule les paramètres fondamentaux du modèle de comportement de Cambridge Cam-Clay (Magnan, 1997).

Tableau 2.3. Détermination des paramètres requis dans la loi de comportement Cam-Clay.

Paramètre	Principe de la détermination
e_0, P_0, q_0	À partir de l'état de contraintes initiales et des résultats d'essais de compression isotropes ou triaxiaux.
G (ou E et ν)	À partir des résultats d'essais triaxiaux comportant des déchargements
λ, κ, e_1, p_1	À partir d'essais de compression isotrope en représentant les résultats dans le plan $(e, \ln p)$ ou à partir de résultats œdométriques classiques. La pression de référence p_1 est prise égale à 1 *kPa*.

5. Loi de comportement de sol avec écrouissage HSM (en anglais : Hardening Soil Model)

Le modèle de sol avec écrouissage est un modèle avancé du modèle de Mohr-Coulomb. Il présente notamment une allure non linéaire des courbes œdométriques contrainte-déformation et donc il tient compte, d'une part, de l'évolution du module de déformation en fonction de l'augmentation de la contrainte. Et d'autre part, de l'évolution non linéaire du module en fonction de l'augmentation des contraintes de cisaillement tant qu'il y a une courbure des courbes effort-déformation avant d'atteindre la plasticité, le module E_{50} n'est pas réaliste.

Ce modèle avancé permet également de distinguer entre une charge et une décharge et de tenir compte de la dilatance qui n'est pas indéfinie.

La relation contrainte-déformation est donnée par la formule suivante :

$$-\varepsilon_1 = \frac{1}{2.E_{50}} . \frac{q}{1 - {}^{q}/_{q_a}} \quad \text{(Éq. 2.11)}$$

Pour $q < q_a$ et dont :

$$q_f = (c.\cot\varphi - \sigma_3').\frac{2.\sin\varphi}{1 - \sin\varphi} \quad \text{(Éq. 2.12)}$$

Et :

$$q_a = {q_f}/{R_f} \quad \text{(Éq. 2.6)}$$

Le module E_{50} vaut :

$$E_{50} = E_{50}^{ref} \cdot \left(\frac{c.\cot\varphi - \sigma_3'}{c.\cot\varphi + P^{ref}} \right)^m \quad \text{(Éq. 2.13)}$$

Dont : $P^{ref} = 100\ KPa.$

R_f est analogue à celui introduit par Duncan (1980).

La décharge est donnée par l'expression :

$$E_{ur} = E_{50}^{ref} \cdot \left(\frac{c.\cot\varphi - \sigma_3'}{c.\cot\varphi + P^{ref}} \right)^m \quad \text{(Éq. 2.14)}$$

Avec : $P^{ref} = 100\ KPa.$

Le plan *q-p* sera obtenu donc en fonction des paramètres d'écrouissage sous forme des surfaces de charge (figure 7).

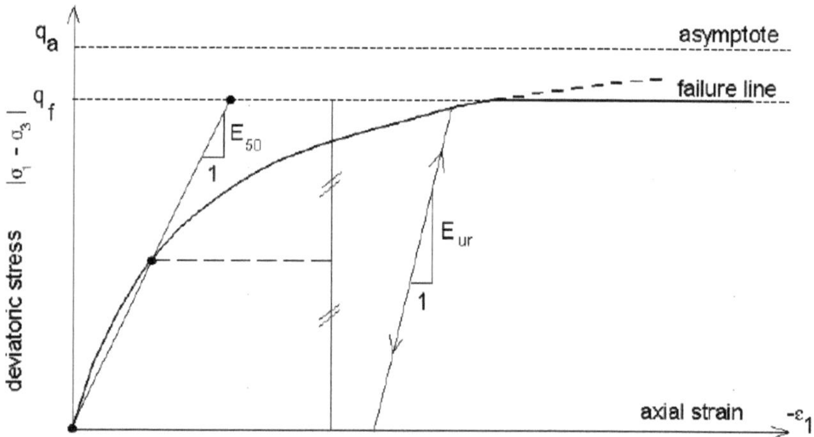

Figure 2.6. Présentation du modèle de sol avec écrouissage – Hardening Soil Model.

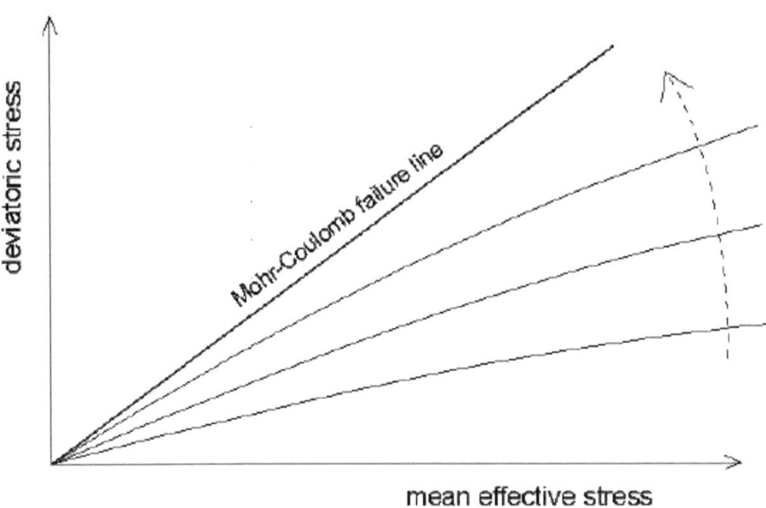

Figure 2.7. Forme des surfaces de charge dans le modèle de sol avec écrouissage – Hardening Soil Model.

Les paramètres essentiels requis pour le comportement du sol avec écrouissage sont :

- Les paramètres fondamentaux de Mohr-Coulomb à savoir la cohésion effective (c'), l'angle de frottement effectif (φ') et l'angle de dilatance (ψ) ;
- Les paramètres de rigidité liés au module de déformation longitudinale tel que le module sécant dans un essai triaxial (E_{50}^{ref}), le module tangent dans un essai œdométrique (E_{oed}^{ref}), et la puissance (m) qui égale à 0.50 environ pour les sables.
- Les paramètres avancés à savoir : le module en décharge (E_{ur}^{ref}) qui est prise égale à trois fois le module sécant E_{50}^{ref} ; le coefficient de poisson en décharge-recharge (ν_{ur}) étant égale à 0.2 ; la contrainte de référence (P^{ref}) égale à 100 KN/m^2 ; le paramètre k_0^{nc} qui dépend de la consolidation soit : $k_0^{nc} = 1 - \sin(\varphi)$; le coefficient à la rupture(R_f) dont : $R_f = {}^{q_f}/_{q_a}$soit par défaut ($R_f = 0.9$) ; la résistance à la traction ($\sigma_{tension}$) qui est prise par défaut nul ; et le paramètre ($C_{increment}$) étant égale à 0.

Ces paramètres sont obtenus selon Shantz et al. 1999 et Brinkgreve, 1994 à partir des figues 8 et 9 ci-dessous.

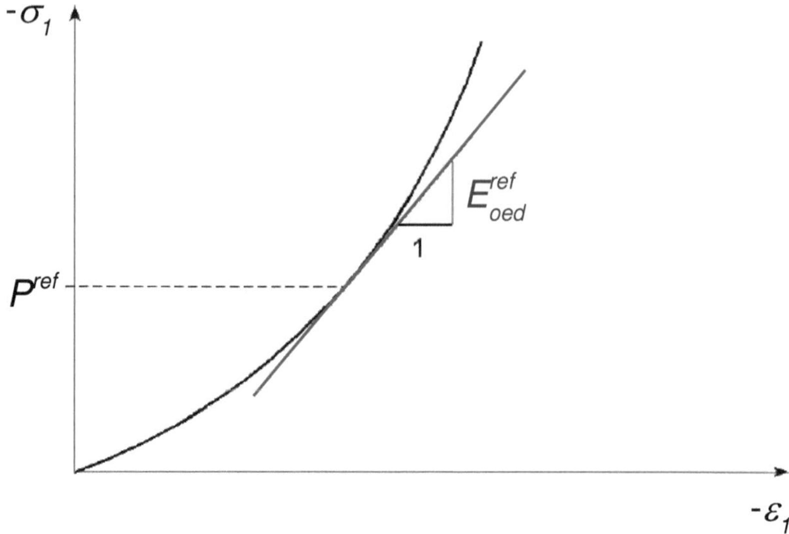

Figure 2.8. Module œdométrique tangent selon (Brinkgreve, 1994).

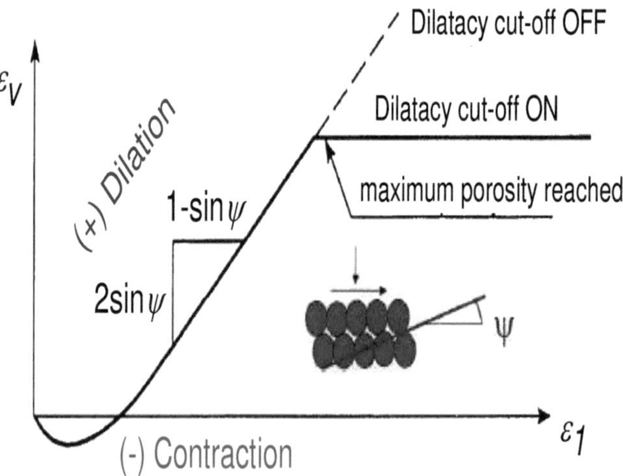

Figure 2.9. Angle de dilatance (ψ) selon (Shantz, 1999).

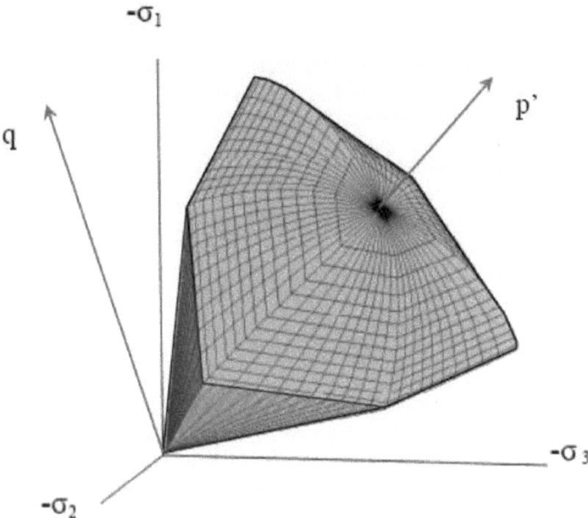

Figure 2.10. Représentation de la loi de comportement du sol avec écrouissage HSM dans l'espace des contraintes principales ((Brinkgreve, 1994).

6. Simulation numérique et comportement des ouvrages géotechniques

6.1. La méthode des différences finies - Vulgarisation des aspects mathématiques et illustration de la méthode

La méthode des différences finies sur laquelle est basé le software FLAC est utilisé pour résoudre les équations aux dérivées partielles (par exemple, les équations simulant les écoulements interstitiels, les lois de Newton, etc.). L'objet de la méthode est l'obtention de solutions approximatives des problèmes aux dérivées partielles (=équations aux dérivées partielles + conditions aux limites ou initiales), en certains points (les nœuds) de leur domaine.

Les équations sont remplacées par des différences finies dans l'espace, écrites en termes de variables de champ à des points discrets, c'est-à-dire les nœuds qui présentent les caractéristiques géométriques clés.

a. *Solution implicite* : la solution à chaque nœud dépend de solutions dans quatre nœuds voisins : la solution à chaque nœud n'est connue que lorsque la solution complète est connue.

b. *Solution explicite* : les solutions non linéaires sont produites en même temps que pour les problèmes linéaires (voir plus de temps de solution pour les solutions implicites).
c. *Discrétisation mixte* : modélisation précise
    - Écoulement plastique en plastique.
    - Écoulement plastique.

Les solutions sont le plus souvent itératives visant à réduire l'erreur à un niveau acceptable.

6.2. Présentation de l'outil de simulation numérique FLAC (Fast Lagrangian Analysis of Continua)

L'outil utilisé dans la présente étude est le logiciel de calculs géotechniques FLAC 3D, Fast Lagrangian Analysis of Continua. Il consiste d'un software avancé de simulation numérique des sols, roches et géomatériaux. Il est dédié notamment pour l'analyse du comportement numérique des ouvrages géotechniques, fondations superficielles, semi-profondes, profondes et spéciales, palplanches, clous et tirants d'ancrage, murs de soutènement, etc.

Comme il a été indiqué dans la précédente section, le code de calcul FLAC est basée sur la méthode des déférences finies. Les équations aux dérivées partielles sont représentées dans le software FLAC en équations matricielles pour chaque nœud, en utilisant des équations dynamiques de mouvement.

$$\text{Forces}_{\text{nœud}} = \text{Fn (déplacements)}_{\text{nœud}}$$

La formulation intégrale de contour des différences finies est utilisée. Cette formulation permet de surmonter les difficultés souvent associées à la génération du maillage et à l'imposition des conditions aux limites.

La valeur moyenne du gradient d'une variable de champ dans une zone peut être exprimée en utilisant le théorème de Gauss avec l'intégrale de contour réalisée sur la limite de la même zone.

7. Conclusion

Ce chapitre récapitule les principales lois de comportement décrites essentiellement pour la simulation du comportement des massifs de sols soumis à différents types de chargement (fondations, remblais routiers, etc.). Aussi bien, ils ont été définis les principaux paramètres géotechniques requis dans chaque modèle de comportement afin de simuler mathématiquement le comportement réel du sol chargé.

En outre, ils ont été présentés les seuils et les valeurs approximatives de ces paramètres pour différents catégories et types des sols proposés par plusieurs chercheurs dans la bibliographie scientifique.

Une brève présentation de la méthode des différences finies et de ces utilisations dans la simulation des ouvrages géotechniques est ensuite effectuée en conclusion du présent chapitre.

Chapitre 3

Site expérimental Caractérisation des sols en place

1. Introduction
2. Caractérisation du sol support
3. Essais sur le matériau incorporé dans les colonnes – ballast
4. Description de l'essai de chargement
5. Conclusion

Chapitre 3

Site expérimental : Caractérisation des sols en place

1. Introduction

Le modèle numérique qui va être utilisé pour les études paramétriques dans les sections suivantes de cette étude est calibré avec les résultats d'une série d'essais prototypes (essais de chargement en vraie grandeur) d'un groupe de colonnes ballastées installées dans un sol mou de faibles caractéristiques physiques et mécaniques.

Les essais de chargement consistent à mesurer l'enfoncement de la tête de la colonne, à l'aide d'un comparateur, sous un chargement statique appliquée en tête de la colonne.

Le site faisant objet de la présente est situé à la Willaya d'Alger et entre dans le cadre de consolidation des terre-pleins du terminal à conteneurs du Port d'Alger. Les laboratoires CYES et INZAMAC ont été sollicités pour la réalisation du programme d'investigation géotechnique in-situ et en laboratoire.

Afin de quantifier et qualifier l'amélioration du sol en place suite à l'installation des colonnes ballastées, une comparaison entre le comportement du sol non renforcé et le comportement du massif renforcé sera ensuite envisagée.

Dans la première partie de ce chapitre, un recueil d'une base de données constituée d'une série d'investigations géotechniques en laboratoire et in-situ du site préalable au renforcement par colonnes ballastées est interprété. Les essais d'identification, les essais de résistance au cisaillement des sols et les analyses chimiques pour la détermination de la fraction organique des sols en place sont les principaux essais faisant objet de l'investigation géotechnique en laboratoire de cette étude.

Les essais in-situ : pressiometrique, pénétromètres au cône statique et pénétromètres dynamiques font la deuxième série d'investigations géotechnique afin de collecter le maximum de données possibles pour mieux comprendre l'état et les caractéristiques physiques et mécaniques du sol en place.

La deuxième partie de ce chapitre est dédiée à la description des différents essais effectués sur le matériau incorporé dans les colonnes. Elle consiste également à la détermination des caractéristiques mécaniques du ballast concassé utiliser pour le remplissage des colonnes souples.

Après avoir étudier les caractéristiques mécaniques des sols en place et du matériau d'apport à incorporer dans les colonnes, on se propose dans la troisième partie de ce chapitre une analyse et interprétation des résultats de l'essai de chargement en vraie grandeur effectuer sur un massif de sols mous renforcés par un groupe de colonnes ballastées. Une description de l'installation des colonnes, de l'essai de chargement en vraie grandeur et des essais de contrôle des colonnes souples est par la suite effectuée.

2. Caractérisation du sol support

Afin de recueillir le maximum d'information sur les caractéristiques physiques et mécaniques du sol en place, une large compagnie géotechnique a été exécutée. La compagnie géotechnique comporte des essais in-situ, aussi bien que des sondages carottés et des essais en laboratoire.

Un total de 16 essais CPT, 27 essais SPT et 8 essais pressiométriques ont été effectués et ont fait objet de la première partie de cette compagnie d'investigation géotechnique qui cumule une gamme d'essais in-situ.

La deuxième partie du programme d'investigation géotechnique PIG comporte 30 sondages carottés dont des essais en laboratoire ont été exécutés. Ce deuxième PIG comporte : 14 essais de cisaillement rectiligne à la boîte, 13 essais triaxiaux de révolution, dont 7 essais non consolidés non drainés, UU, et 6 essais consolidés non drainés CU, 17 essais œdométriques, de plus des essais d'identification du sol à savoir : des analyses granulométriques, des essais de teneur en eau, des essais des limites d'Atterberg, etc.

2.1. Essais en laboratoire

Essais d'identification

a) Analyses granulométriques (NF P 94-056, mars 1996) (NF P 94-057, mai 1992)

Les courbes granulométriques indiquent que les sols à renforcer ont entre 19 % à 35 % de particules inférieures à 80µm pour des profondeurs allant de 3.50m jusqu'à 10m. Les sols situés entre 10 m jusqu'à 19 m ont des grains plus fins dont toutes les particules sont inférieures à 80 µm (Figure 3.1 a).

Ces pourcentages entrent bien dans le fuseau granulométrique préférentiel recommandé par KELLER (2015), qui tient compte de l'avantage du vibrocompactage du sol en place et du compactage du matériau incorporé dans le sol support sous forme de colonnes souples (ballast, gravier ou sable) (Figure 3.1 b).

b) Les limites d'Atterberg

Les limites d'Atterberg [(1)] ont pour but de définir les états d'humidité correspondant aux limites entre les trois états : comportement liquide, comportement solide et comportement plastique (entre les deux), l'état d'humidité du sol étant exprimé par sa teneur en eau (Philipponnat et Hubert, 2016).

Pour notre cas, les limites d'Atterberg ont été mesurées par la méthode de la coupelle et du rouleau (norme NF P 94-051, mars 1993).

La figure 3.2 indique que les sols situés entre une profondeur de 11.50 m allant jusqu'à 19 m sont des sols argileux à moyennement argileux et ils se trouvent dans un état plastique à très plastique.

Aussi bien, des essais de détermination de la teneur en eau du sol ont été effectués conformément à la norme NF P 94-050.

En outre, la détermination des indices de consistance du sol sur différentes profondeurs est effectuée en respectant les démarches illustrées dans la norme XP 94-011.

Soit dans l'échantillon extrait de la carotte entre 11.50m et 12.10m, une teneur en eau W=25.25% et un indice de consistance I_c=0.8 ce qui indique que le sol très ferme sur cette profondeur.

c) La valeur de bleu (NF P 94-068, octobre 1998)

Le tableau ci-dessous (tableau 3.1) illustre les différentes valeurs au bleu de Méthylène obtenues en allant sur plusieurs profondeurs. Les résultats obtenus indiquent la présence des sols limoneux jusqu'une profondeur d'environ 10 m. Au-delà de cette profondeur, les sols sont de type limoneux argileux.

Tableau 3.1 Valeurs au bleu de méthylène sur déférents échantillons prélevés du SC1.

Profondeur	Valeur au bleu (VBS)	Classification
Prof 3.50m – 3.95m	0.48	Sol limoneux
Prof 5.85m – 6.30m	0.77	Sol limoneux
Prof 9.45m – 9.90m	0.245	Sol limoneux
Prof 14.55m – 15m	3.25	Sol limoneux – argileux
Prof 18.20m – 18.65m	4.25	Sol limoneux – argileux

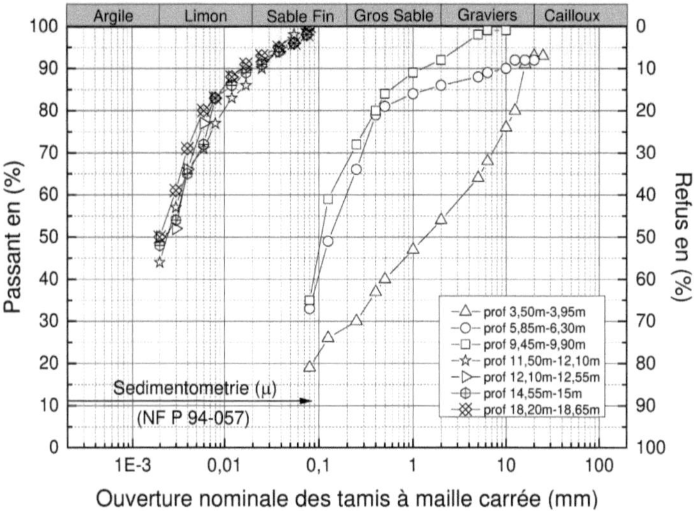

Figure 3.1 (a) Courbe granulométrique du sol in situ à différentes profondeurs.

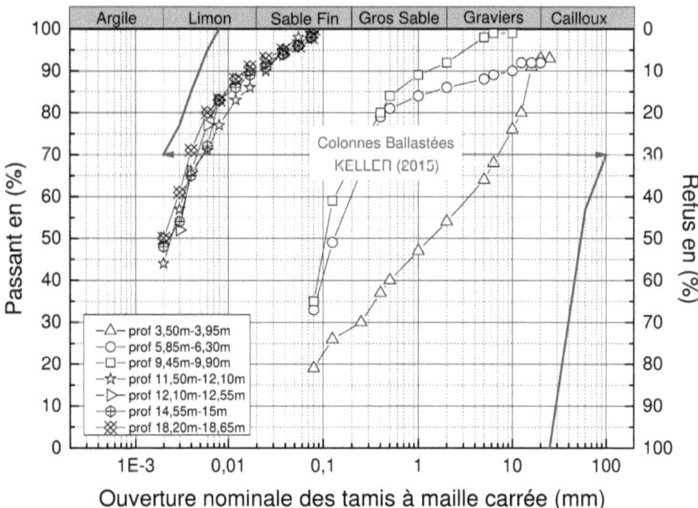

Figure 3.1 (b) Courbe granulométrique du sol in situ et fuseau granulométrique préférentiel pour la technique de renforcement par colonnes ballastées.

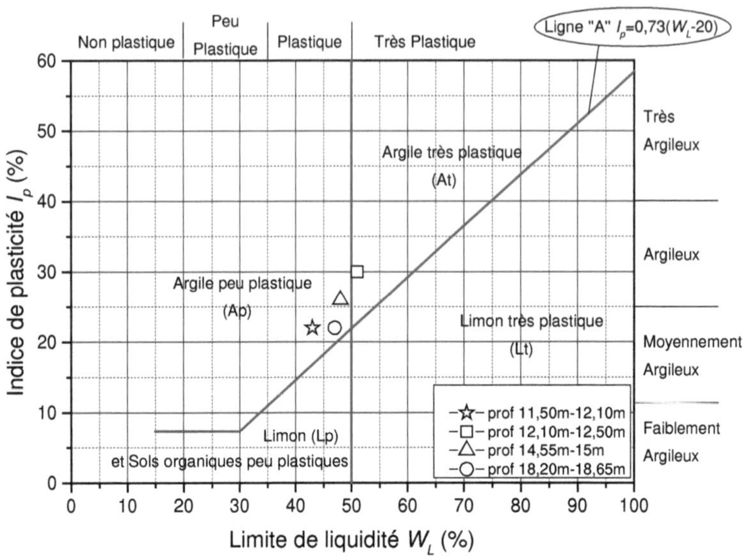

Figure 3.2. Qualificative de la fraction du sol constituée d'éléments inférieurs à 400 µm en fonction de l'indice de plasticité selon la norme XP P 94-011, août 1999.

Essais de cisaillement du sol

a) Essai triaxial de révolution (NF P 94-074, octobre 1994)

Dans le cadre de cette investigation géotechnique, 13 essais triaxiaux ont été effectués dont 7 sont non consolidés non drainés UU, et 6 essais consolidés non drainés CU.

Les résultats obtenus des essais de cisaillement des sols effectués sur des échantillons prélevés à plusieurs profondeurs seront utilisés durant la phase de simulation du comportement du sol support avant et après installation des colonnes décrites en détail dans les chapitres suivants.

2.2. Essais in-situ

La compagnie de reconnaissance géotechnique in-situ comporte 16 essais de pénétration au cône CPT, 27 essais de pénétration standard SPT, et 08 essais pressiométriques. Les résultats de la planche d'essais montrent la présence d'une couche marneuse raide au-delà de 19 m de profondeur. Surmontée par trois couches, la première présente une couche de sable fin de 2m de profondeur. La deuxième est un passage de 1m d'argile. Surmonté par une troisième couche en surface de 6m de sable argileux.

La figure 3.3 illustre la lithologie du sol support et les principales formations rencontrées dans cette investigation géotechnique.

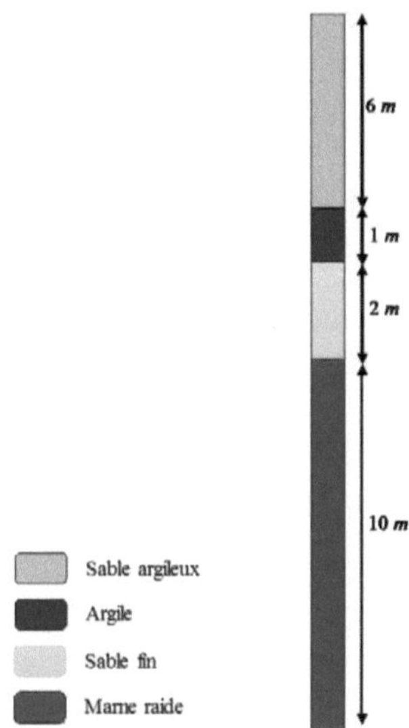

Figure 3.3. Lithologie du sol en place et principales formations du site.

La Willaya d'Alger est située dans la zone de séismicité 2 selon le règlement parasismique d'ouvrages d'art (règlement algérien RPOA). La présence d'une couche intermédiaire de sable fin lâche dans un état saturé sous des sollicitations séismiques provoque le plus souvent le risque de liquéfaction des sols. Un phénomène induit par le séisme qui engendre d'énormes dégâts suite aux pertes d'une partie ou de la totalité de la portance du sol sous une amplitude séismique moyennement à fortement importante.

Le travail de synthèse des résultats des planches d'essais réalisées permet de proposer des corrélations entre les paramètres de résistance obtenus. Les figures 3.4 et 3.5 illustrent les corrélations proposées entre des couples (P_l, N_{SPT}) et (q_c, N_{SPT}) respectivement.

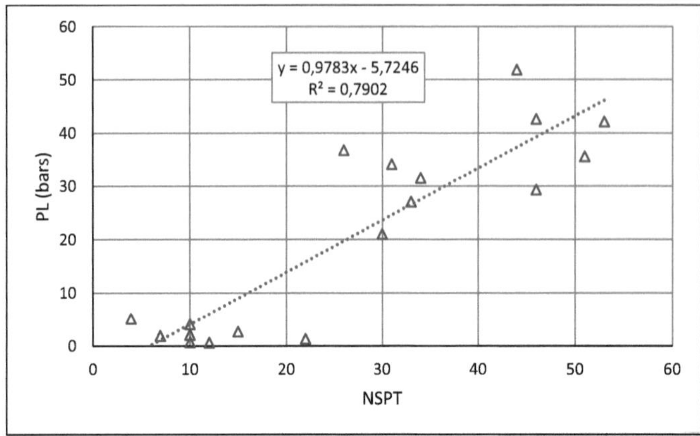

Figure 3.4. Corrélations proposées de P_l en fonction de N_{SPT}.

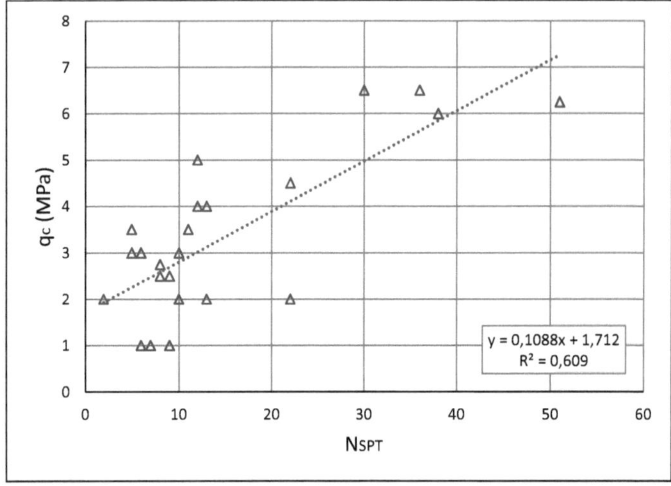

Figure 3.5. Corrélations proposées q_c en fonction de N_{SPT}.

3. Essais sur le matériau incorporé dans les colonnes – ballast

Le matériau d'apport incorporé dans les colonnes souples de renforcement doit répondre à des impératifs de qualité et des caractéristiques propres à chaque usage. De même, le choix du matériau d'apport présente une importance primordiale dans l'amélioration des sols en place.

À cet égard, et afin d'augmenter la performance du massif de sols renforcés, il est préférable de compter sur un matériau d'incorporation qui présente de bonnes caractéristiques mécaniques.

Le ballast ou le gravier concassé est fortement recommandé dans les projets de fondations spéciales du fait qu'il est caractérisé par un angle de frottement généralement supérieur à 38°.

L'utilisation des graviers roulés naturels, généralement venant d'oueds, diminuera la performance de l'ensemble sol-colonnes à cause de son faible frottement ce qui cause une faible compacité des colonnes.

Le matériau employé dans les planches d'essais faisant objet de la présente étude est un gravier concassé avec une granulométrie étalée comprise entre 30 et 60mm.

Les essais effectués sur le ballast ont donné les caractéristiques suivantes :

- Angle de frottement interne $\phi = 40°$.
- Coefficient Los Angeles LA < 35%.
- Coefficient Micro Deval MDE < 30.
- LA + MDE < 60.

4. Description de l'essai de chargement

a) Planche d'essais et installation des colonnes

La série d'essais de chargements en vraie grandeur constitue 6 planches d'essais qui comportent un groupe de 28 colonnes ballastées chacune. Les colonnes de renforcement d'un diamètre d'environ 0.84 *m* et espacées de 1.8 *m* entre axes sont installées dans un maillage triangulaire. La longueur des colonnes s'étale jusqu'à 7.5 m de profondeur. La figure 3.6 présente une planche de 28 colonnes ballastées après installation par voie humide.

Figure 3.6. Planche d'essai après installation des colonnes.

b) Essais de contrôle des CB

Afin d'assurer la performance optimale requise après le traitement des sols, des essais de contrôle après l'installation des colonnes ont été effectués.

Ces essais consistent à contrôler d'une part la compacité de la colonne au moyen des pénétromètres statiques au cône CPT. Les recommandations du comité français en mécanique des sols et de l'union syndicale géotechnique en France (CFMS, 2011) préconisent une résistance à la pointe minimale de 10 *MPa* en toute profondeur sur l'axe de la colonne jusqu'à de 1 m sous sa base.

Aussi bien, la réalisation des essais CPT sur le sol support avant traitement et entre les colonnes après traitement permet d'évaluer l'effet de l'installation des colonnes sur la performance du sol par la comparaison entre les registres de la résistance à la pointe du sol avant et après le renforcement.

Et d'autre part, la continuité de la colonne est vérifiée à travers des pénétromètres statiques ou dynamiques.

En outre, et afin de vérifier aussi bien le diamètre obtenu de la colonne, un dégarnissage en tête de la colonne par la réalisation d'un puits à ciel ouvert jusqu'à 1 m de profondeur est effectué.

La figure 3.7 présente une vue sur la colonne ballastée après un dégarnissage en tête jusqu'à 1m de profondeur. Le puits à ciel ouvert excavé en tête de la colonne montre que le diamètre final obtenu après le compactage de la CB est de 84 cm.

Figure 3.7. Vue sur la colonne ballastée après un dégarnissage en tête jusqu'à 1m de profondeur.

Aussi bien, la portance de la colonne peut être vérifiée à travers un essai de chargement en tête de la colonne.

c) Essais de chargement en vraie grandeur

L'essai de chargement en grandeur réelle effectué consiste à mesurer les déformations verticales qui subiront la colonne suite à l'application d'une contrainte uniformément répartie en surface par des paliers de chargement successifs et qu'il faudra atteindre une valeur d'une fois et demie la charge de service de la colonne qui est de 70 *KN*. La figure 3.8 montre l'évolution des tassements de la colonne chargée en tête dont le facteur de substitution (η) est de 100% en fonction des paliers de chargement exercés à travers un vérin hydraulique.

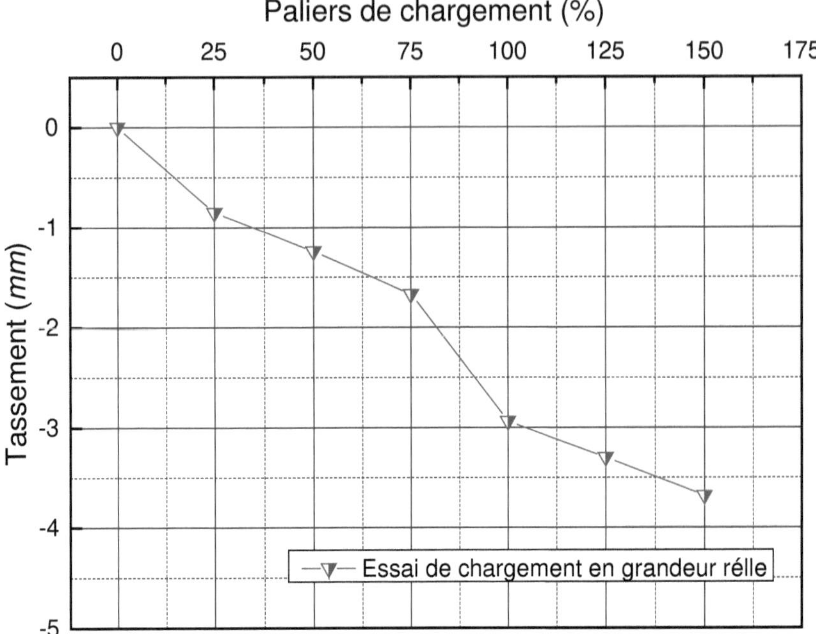

Figure 3.8. Essai de chargement (η=100%) en tête de la colonne ballastée.

Conclusion

Dans ce chapitre une analyse des résultats d'une large compagnie géotechnique sur le site préalable au renforcement par des colonnes souples a été effectuée. La caractérisation du sol support à comporter divers essais in-situ et au laboratoire. Les résultats obtenus montrent que le support possède des faibles caractéristiques mécaniques ce qui amène à une faible capacité portante et à des forts tassements. Aussi bien, la présence d'une couche intermédiaire de sable fin lâche dans un état saturé sous des sollicitations séismiques peut provoquer le risque de liquéfaction des sols. En outre, l'analyse des résultats des investigations géotechniques a conduit à l'élaboration de quelques propositions des corrélations entre les différents paramètres géotechniques. De même, les essais effectués sur le matériau d'apport à incorporer dans les colonnes (le ballast) donnent des bons résultats du point de vue granulométrie aussi bien que du point de vue résistance mécanique.

Ensuite, une description détaillée sur la planche d'essais en grandeur réelle exécutée et la configuration géométrique des colonnes ballastées installées sur le site par voie humide est effectuée. L'évolution progressive des déplacements verticaux en fonction des paliers de chargement appliqués en surface est illustrée (figure 3.8).

La charge de service Qs appliquée en tête de la colonne a une force de l'ordre de 70 KN exercée sur une plaque circulaire de 0.84 m de diamètre. Conformément aux recommandations sur la conception, le calcul, l'exécution et le contrôle des colonnes ballastées sous bâtiments et sous ouvrages sensibles au tassement du comité français de mécanique des sols, cette charge doit atteindre 1,5 Qs, c'est-à-dire une force de 105 KN. Selon les recommandations CFMS (2011), l'essai est de type à effort contrôlé, exécuté en compression, il consiste à mesurer l'enfoncement de la tête de la colonne, à l'aide de deux ou trois comparateurs, soumise à une charge verticale.

Les mesures expérimentales de l'enfoncement de la tête de la colonne par des comparateurs de capture des déplacements (tassomètres) seront utilisées pour le choix et la validation expérimentale du modèle numérique et de la configuration géométrique les plus adéquats pour simuler le comportement réel d'un massif de sols mous renforcés par un groupe de colonnes ballastées.

Chapitre 4

Validation du modèle numérique

1. Introduction
2. Calibration du modèle numérique
3. Validation d'un modèle numérique simple pour la prédiction du tassement d'un massif de sols renforcé par CB reposant sur un substratum rigide
4. Conclusion

Chapitre 4

Validation du modèle numérique

1. Introduction

Dans le précédent chapitre les paramètres géotechniques mécaniques et physiques du sol support et des colonnes de renforcement ont été détaillés. Ces paramètres sont indispensables pour entamer les études sur les modèles numériques et les configurations géométriques les plus adéquats pour simuler le comportement réel d'un massif de sols mous possédant des mauvaises propriétés géotechniques et renforcés par un groupe de colonnes ballastées. Le premier modèle proposé pour analyse dans cette section est le modèle largement utilisé jusqu'à nos jours pour le dimensionnement des fondations spéciales et des colonnes ballastées qui est le fameux modèle de la cellule composite. Une colonne ballastée entourée par le sol ambiant dans un diamètre dit diamètre effectif D_e déterminé en fonction de la configuration du maillage des colonnes ballastées (Balaam et Booker, 1981). Ensuite, l'analyse est envisagée pour le modèle d'une colonne ballastée isolée. Ce dispositif est utilisé pour les essais de chargement avant d'entamer la phase d'exécution de tout projet de renforcement par colonne (CFMS,2011). Le troisième modèle à analyser dans ce chapitre est le modèle d'une colonne ballastée entourée par un groupe de colonnes. Ce modèle présente l'état de contraintes réel sur lequel est soumise la colonne. La génération d'un tel modèle semble d'être assez complexe. La construction de ce modèle prend beaucoup de temps et la génération et le temps des itérations de calcul est élevé. C'est pour cette raison qu'en se propose d'évaluer dans une quatrième analyse un modèle des anneaux concentriques équivalents aux groupes de colonnes ballastées. Les résultats de ce modèle assez simple proposé seront comparés ensuite par celles du modèle d'un groupe de colonnes ballastées ainsi qu'avec les résultats expérimentaux des essais de chargement en grandeur réelle bien détaillés dans le chapitre précédent. L'analyse des quatre modèles proposés est envisagée pour les colonnes ballastées flottantes et pour les colonnes ballastées reposant sur un substratum rigide. Le premier cas est validé en se basant sur les essais de chargement en vraie grandeur conduits sur les sols mous d'Alger. Le second cas est entamé en se basant sur paramètres géotechniques extraits d'un cas d'étude d'un projet de renforcement de la fondation d'un réservoir pétrolier de 54 m de diamètre construit à Zarzis dans le sud de la Tunisie (Bouassida, 2016).

2. Calibration du modèle numérique

a) Modèle de la cellule composite

La simulation numérique du modèle de la cellule composite largement utilisé dans la littérature géotechnique pour la prédiction du tassement des sols renforcés par colonnes est envisagée.

La figure 3.8 présente le maillage généré du modèle numérique de la cellule composite. Le modèle comporte 3648 zones et 3783 nœuds générés dans 15903 itérations de calcul.

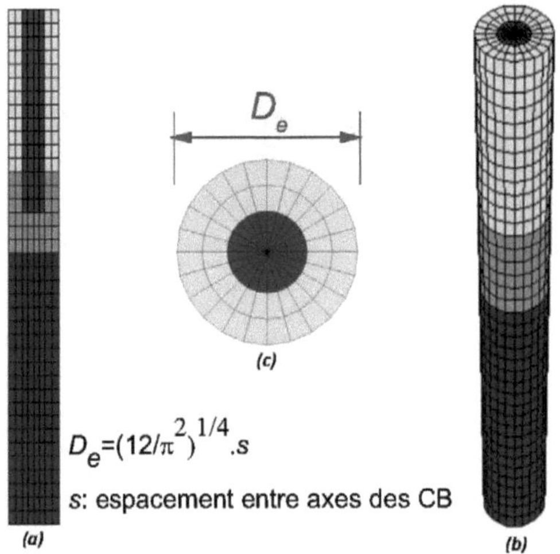

Figure 4.1. Simulation du modèle de la cellule composite :

(a) Profile en long ; (b) Vue en 3D ; (c) Vue en plan.

La vérification de la performance de ce modèle est effectuée dans l'étude du comportement du sol renforcé de la fondation d'un grand réservoir pétrolier dans la prochaine section (Section 3).

b) Modèle d'une colonne isolée

La quasi-totalité des essais de chargement sont effectués sur une colonne isolée. Les recommandations françaises (CFMS, 2011) préconisent l'essai de chargement sur une colonne ballastée préalablement arasée. Avec un taux de chargement de 1.5 fois la charge à l'ELS de la colonne Q_N.

Dans ce qui suit, le comportement numérique d'une colonne isolée chargée en tête est étudié.

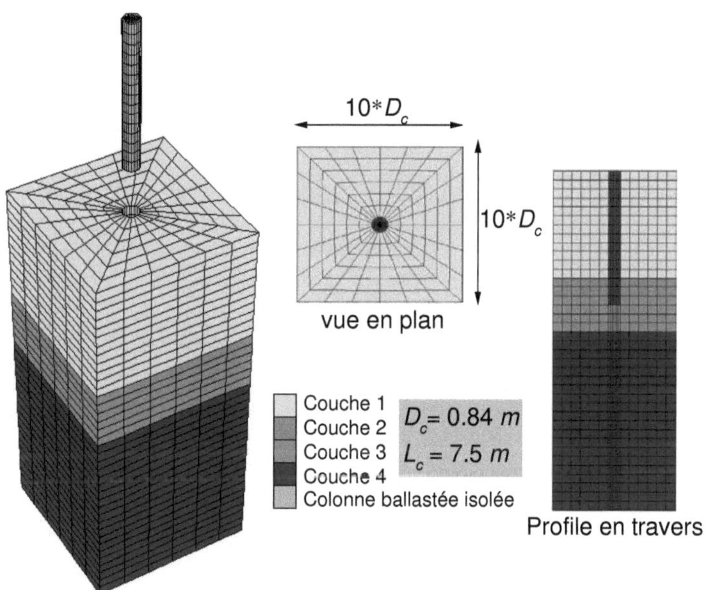

Figure 4.2. Simulation du modèle de la colonne isolée :

(*a*) Vue en plan ; (*b*) Profile en long ; (*c*) Vue en 3D.

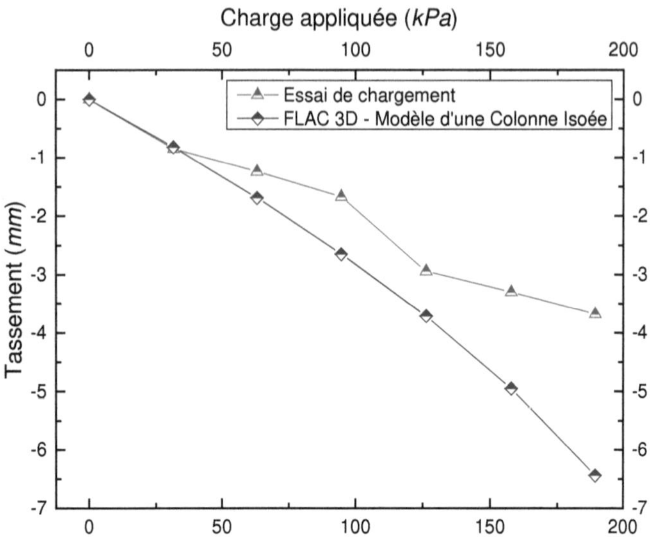

Figure 4.3. Tassements mesurés v.s. tassements estimés d'une colonne ballastée isolée chargée en tête.

La figure 4.3 montre l'évolution des déplacements verticaux de la tête de la colonne en fonction du chargement uniformément réparti appliqué en surface.

Les résultats montrent que le modèle de la colonne isolée donne des prédictions surestimées du tassement en comparaison avec le tassement mesuré en place.

La planche d'essai de l'essai de chargement prototype consiste à une colonne ballastée entourée par un groupe de colonnes. Le présent modèle numérique ne tient pas compte de l'amélioration des caractéristiques mécaniques du sol support suite à l'installation des colonnes. L'expansion latérale des colonnes suite au chargement vertical appliqué en surface du massif renforcé améliore les caractéristiques mécaniques des sols entre colonnes, ce qui participe à la réduction du tassement de l'ensemble du massif de sols renforcés.

c) Modèle d'une colonne entourée par un groupe de CB

Afin de simuler le comportement réel de la colonne chargée, la modélisation numérique de l'essai de chargement en vraie grandeur avec la configuration réelle des colonnes ballastées a été adoptée. La configuration géométrique en grandeur réelle de la planche d'essai qui comporte 28 CB dont une colonne est chargée en tête faisant objet de la présente investigation.

La figure 4.4 présente le modèle en 3D généré par FLAC du massif renforcé par un groupe de 28 colonnes ballastées. Le modèle comporte 67906 nœuds et 71744 zones finis.

Les colonnes ballastées ont été installées sur une longueur de 7.5m dans un maillage triangulaire. Le diamètre des CB égale à 0.84 *m* avec un espacement entre axes des colonnes de 1.8 *m*.

Le chargement est appliqué par paliers successifs en tête de la colonne avec un facteur de substitution η égale à 100 %.

La courbe contrainte-déformation de l'essai de chargement est représentée dans la figure 4.5. En comparaison entre le tassement mesuré et le tassement prédit, les résultats obtenus semblent être presque semblables. Contrairement au premier modèle généré d'une colonne isolée, l'effet de confinement diminue le tassement en tête de la colonne chargée. En outre, l'amélioration des caractéristiques mécaniques du sol en place entre les colonnes contribue à la réduction de l'ampleur du tassement. L'installation des colonnes souples et l'expansion latérale du matériau d'apport améliorent les caractéristiques mécaniques du sol environnant.

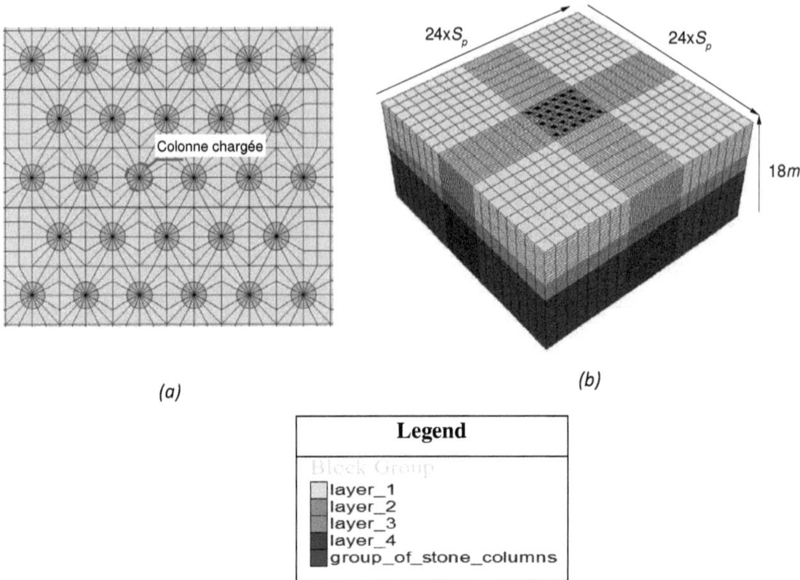

Figure 4.4. Model 3D généré par FLAC d'un groupe de 28 colonnes ballastées : (*a*) vue en plan ; (*b*) vue en 3D.

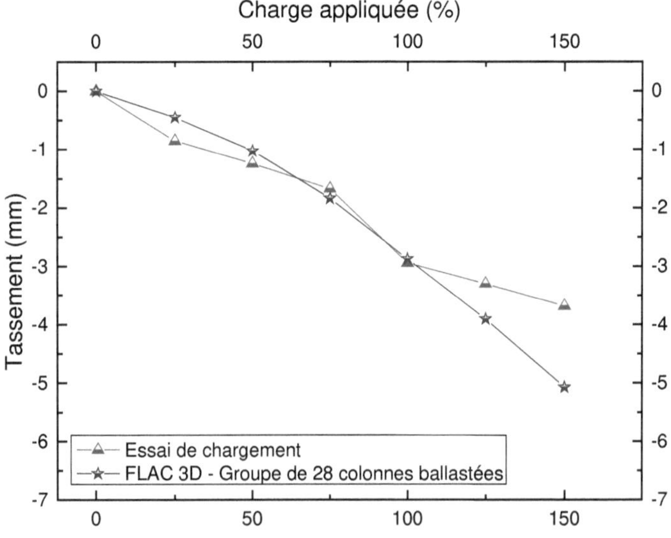

Figure 4.5. Tassements mesurés v.s. tassements estimés d'une colonne entourée par un groupe de ballastée ballastées.

d) Modèle équivalent des anneaux concentriques pour les CB flottantes

Un modèle des anneaux concentriques équivalent au modèle d'un groupe de colonnes ballastées flottantes a été généré. Les résultats récapitulés dans la figure 4.6 ci-dessous montrent la performance de ce modèle simple pour la prédiction du tassement à court terme d'un groupe de colonnes ballastées flottantes.

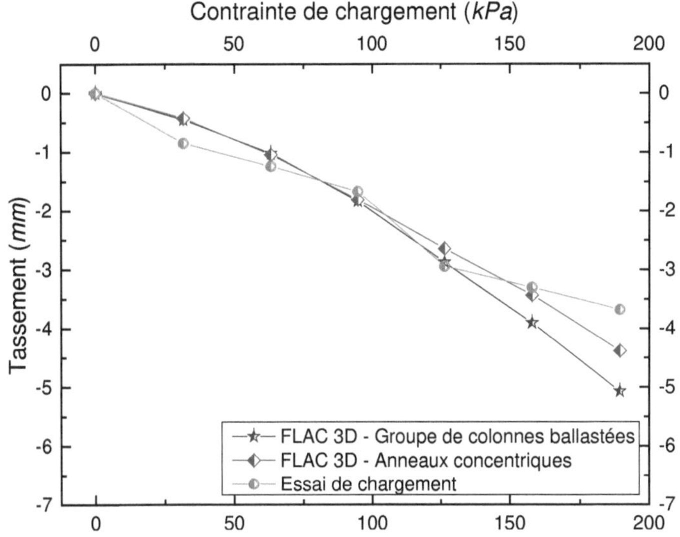

Figure 4.6. Prédiction du tassement par le modèle du groupe de colonnes et le modèle équivalent des anneaux concentriques.

3. Validation d'un modèle numérique simple pour la prédiction du tassement d'un massif de sols renforcé par CB reposant sur un substratum rigide

La prédiction du tassement des fondations reposant sur un massif de sols renforcé par colonnes ballastées installées sur un substratum rigide fait objet de cette partie d'étude.

Trois modèles numériques avec un facteur de substitution constant ont été générés dans deux configurations géométriques, la première présente des petits groupes de colonnes ballastées installées dans un maillage triangulaire, et la deuxième présente des modèles d'anneaux équivalents à celles des petits groupes de CB.

La loi de comportement élasto-plastique de Mohr Coulomb a été adoptée pour les simulations numériques. Les paramètres géotechniques du sol mou et du matériau d'incorporation ont été extraits d'un cas d'étude d'un projet de renforcement de la fondation d'un réservoir pétrolier de 54 m de diamètre construit à Zarzis dans le sud de la Tunisie (Bouassida et Hazzar, 2012). Les colonnes ballastées installées ont un diamètre de 1.2 m et une longueur totale Hc = 10m. Les paramètres géotechniques du sol mou et du matériau incorporé dans les colonnes sont illustrés dans le tableau 4.1.

Tableau 4.1. Paramètres géotechniques du sol mou et du matériau incorporé dans les colonnes ballastées.

Paramètre	Unité	Sol mou	Colonnes ballastées
γ	KN/m^3	17	18
φ	Degré	0	42
C	kPa	25	0
E	kPa	3600	36000
v	_	0.33	0.33
G	MPa	1.35	13.53
K	MPa	3.53	35.29

Avec : γ : Poids volumique ; φ : angle de frottement interne ; C : Cohésion ; E : module de Young ; v : Coefficient de Poisson ; G : module de cisaillement ; K : Module de bulk.

3.1. Modèle de la cellule composite

Le modèle de la cellule composite (Unit Cell Model – UCM) compris une colonne ballastée isolée entourée par le sol mou dans un diamètre équivalent D_e. Ce diamètre dépend essentiellement selon Balaam et Booker (1981, 1985) du maillage sur lequel sont installées les colonnes (voir Fig. 7, Ch01).

Le modèle UCM adopté assume les conditions œdométriques suivantes :

- Les déplacements horizontaux sont nuls sur les bords du modèle UCM.
- Les déplacements horizontaux et verticaux égalent à zéro au fond du modèle.
- La contrainte verticale est uniformément répartie sur la face supérieure du modèle.

La figure 4.7 présente le modèle numérique généré de la cellule élémentaire. Ce modèle comporte 735 nœuds et 672 surfaces.

Le facteur de substitution du massif renforcé est défini par le taux de renforcement de la surface du matériau d'apport ou des colonnes sur le diamètre équivalent qui définis le domaine d'influence de la colonne (Balaam et Poulos, 1983) dont :

$$\eta = \frac{D_e}{D_c}$$

Avec :

Dc : le diamètre de la colonne ballastée.

De : le diamètre de la cellule composite.

Les caractéristiques mécaniques du sol support et du matériau constituant les colonnes sont récapitulées dans le tableau 1.

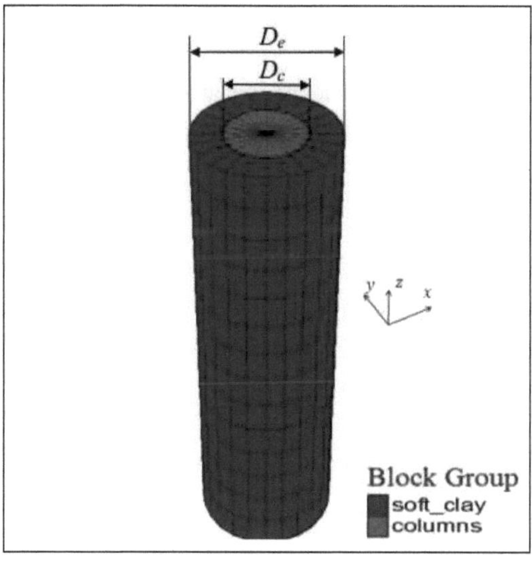

Figure 4.7. Modèle de la cellule élémentaire.

Le tassement d'un réservoir pétrolier de 54 m de diamètre construit sur un radier général reposant sur un massif de sols renforcés par colonnes ballastées installées sur un substratum rigide a été estimé en fonction de la contrainte appliquée uniformément répartie à la surface du massif.

La figue 4.8 regroupe les différentes prédictions du tassement du sol renforcé par colonnes. Afin d'examiner le modèle de la cellule composite UCM, une comparaison avec d'autres méthodes analytiques et emporétiques faisant objet de la présente section d'étude. Comme il le montre la figure ci-dessous, le tassement prédit résultant du modèle généré par FLAC 3D du modèle UCM et celle estimée par la méthode de prédiction variationnelle proposée par Bouassida et al. 2003 sont presque identiques. Cependant, le tassement prédit par la méthode du comité Française de mécanique des sols CFMS 2011, est sous-estimé par rapport aux deux premières méthodes. Cela est dû à l'utilisation du module œdométrique pour le sol mou plutôt que son module de Young.

La méthode de Chow 1996 donne les plus petites valeurs des tassements prédits du massif renforcé. En fait, cette méthode s'appuie sur l'hypothèse que les déplacements horizontaux sont nuls tout au long de la cellule unité UCM, et que les déformations sont unidimensionnelles en tout point du modèle.

En comparaison entre le tassement prédit du sol mou avant renforcement et de celle estimée après installation d'une seule colonne ballastée soumise à des conditions aux limites imposées en adoptant le modèle de la cellule unité UCM, en remarque que l'installation de la colonne diminuera le tassement 4 fois de celle du sol non renforcé. L'incorporation d'un matériau d'apport assez raide et qui est caractérisé par un module de déformation longitudinal qui peut atteindre 10 fois celle du sol mou ambiant minimisera les déformations longitudinales dues au chargement vertical provenant du réservoir.

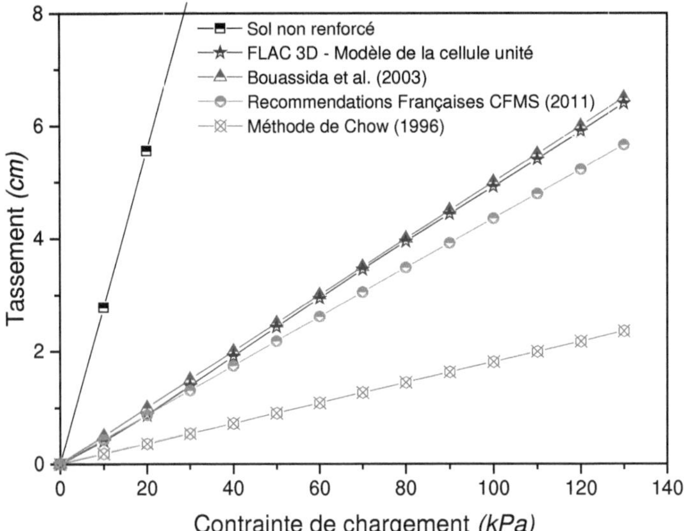

Figure 4.8. Estimation du tassement en fonction des paliers de chargement par les méthodes analytiques, empiriques et numériques.

3.2. Groupe de colonnes ballastées

Afin d'examiner l'effet de groupe sur l'estimation du tassement des sols renforcés par colonnes, trois modèles numériques de petits groupes de colonnes ballastées ont été générés. Le comportement des fondations superficielles de (5.08x5.08), (8.37x8.37) et (11.68x11.68) m^2 reposants sur des massifs de sols renforcés par 7, 19 et 37 colonnes ballastées respectivement est étudié.

La figure 4.9 illustre les trois modèles numériques générés des petits groupes de colonnes ballastées. Les dimensions géométriques des modèles représentant les conditions aux limites imposées ont été choisies de telle façon à ne pas influer sur les résultats de la prédiction du tassement du massif. Les déplacements horizontaux égalent à zéro aux bords des modèles. Ainsi que les déplacements verticaux ont été fixés sur les faces inférieures des modèles afin de simuler le comportement des colonnes reposant sur un substratum rigide.

La surface du chargement ou la surface de la fondation pour chaque modèle a été bien choisie dans le but de simuler les trois modèles des massifs de sols renforcés par un facteur de substitution constant.

Un taux de renforcement de 30.64 % est opté pour la présente application. Ce facteur optimisé a été calculé par le logiciel Columns1.01 (Bouassida et Hazzar, 2012).

La détermination du facteur de substitution optimisée η_{opt} sa base essentiellement sur les deux vérifications, la vérification du tassement minimale admissible pour le projet, et la vérification de la capacité portante minimale suffisante pour la stabilité de la fondation (Bouassida et Carter, 2014).

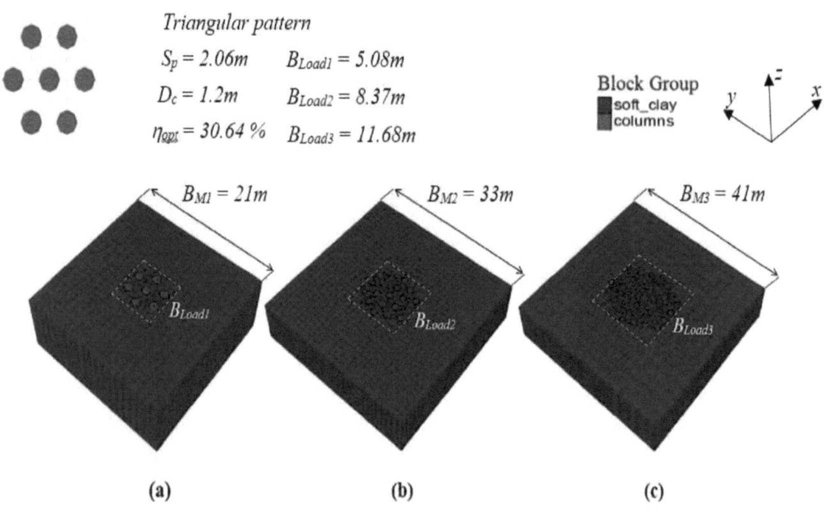

Figure 4.9. Modèles des petits groupes de CB générés par FLAC 3D, 7, 19 et 37 colonnes avec un taux de renforcement de 30.64 %.

Les caractéristiques des maillages générés sont illustrées dans le tableau 4.2.

Tableau 4.2. Caractéristiques des massifs de sols renforcés par CB implémentés par FLAC 3D.

Modèle	Nombre des colonnes ballastées	Surfaces d'éléments finis	Nombre des nœuds	Nombre d'itérations
1er	7	1680	1575	2722
2ème	19	4592	4215	3146
3ème	37	8960	7815	5926

La variation du facteur de réduction des tassements en fonction de l'impact de chargement est analysée. Les propriétés physiques et mécaniques du sol support et du matériau d'incorporation sont présentées dans le tableau 3.2.

La figure 4.10 présente le facteur de réduction des tassements calculé pour des charges allant de 80 à 130 kPa. Comme il le montre la figure, les résultats des prédictions numériques et analytiques montrent que les valeurs du facteur β s'étalent entre 2.35 à 3.97, avec une exception des résultats obtenus par la méthode de Chow (Chow, 1996) qui donne un facteur de réduction des tassements allant jusqu'à 9.56. Cette sous-estimation est due à l'hypothèse assumée par la présente méthode qui suppose que les déformations sont unidimensionnelles tout au long de la cellule élémentaire avec des déformations horizontales égalent à zéro. Une telle hypothèse ne tient pas compte de l'effet de l'amélioration en place due à l'expansion latérale des colonnes. Ainsi que l'amélioration des caractéristiques mécaniques du sol en place entre les colonnes.

Il est a remarqué aussi que les prédictions données par la méthode de Bouassida (Bouassida, 2016) et celles estimées par le modèle d'un groupe de 37 colonnes généré par FLAC 3D sont presque identiques avec une légère différence de ± 2.5%.

Les prédictions par la méthode des recommandations du comité Française de mécanique des sols sous-estiment légèrement le facteur de réduction des tassements. Cela est dû au module oedométrique adopté pour le calcul du tassement par la présente méthode.

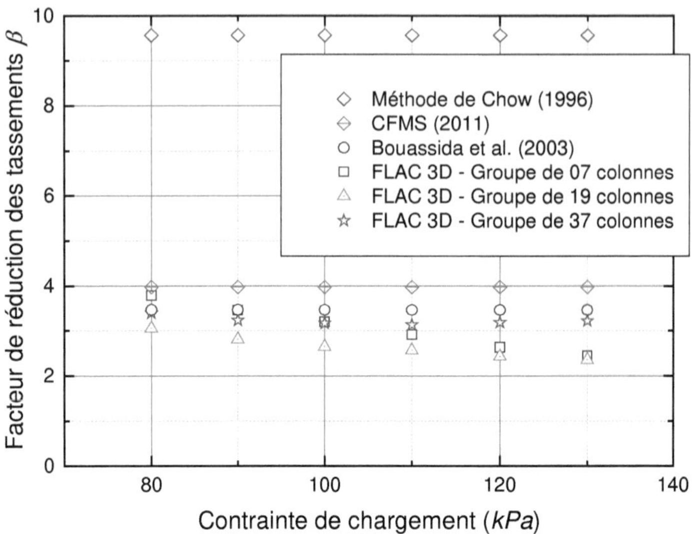

Figure 4.10. Estimation du facteur de réduction des tassements en fonction de la contrainte appliquée sur la fondation.

3.3. Modèle équivalent des anneaux concentriques

Afin de faciliter la prédiction numérique du tassement des massifs de sols renforcés par un groupe de colonnes, l'efficacité du modèle équivalent des anneaux ou couronnes concentriques est évaluée dans la présente section. Ce modèle présente une simplicité en matière de génération du maillage. Ainsi qu'un gain important du temps de calcul (temps d'itérations numériques).

L'épaisseur e_{cr} de chaque anneau concentrique est obtenue par l'adoption d'une surface équivalente entre la superficie du groupe des colonnes et celle de l'anneau composite. L'épaisseur équivalente e_{cr} de l'anneau concentrique vaut :

$$e_{Cr(i)} = (N_i \times A_c)/(2\pi \times S_p)$$

Avec :

S_p : espacement entre axes des colonnes correspondant à l'anneau concentrique n° *i*.

Ni : Nombre des colonnes situées sur le périphérique de l'anneau concentrique n° *i*.

D_c : Diamètre des colonnes ballastées.

La figure 4.11 présente les caractéristiques géométriques des modèles numériques et de ses équivalents des anneaux concentriques implémentés par FLAC 3D. À titre d'exemple, l'épaisseur équivalente de la première couronne est obtenue par l'adoption de : i = 1 ; N (1) = 6 ; S_p = 2.06 m et D_c = 1.2 m.

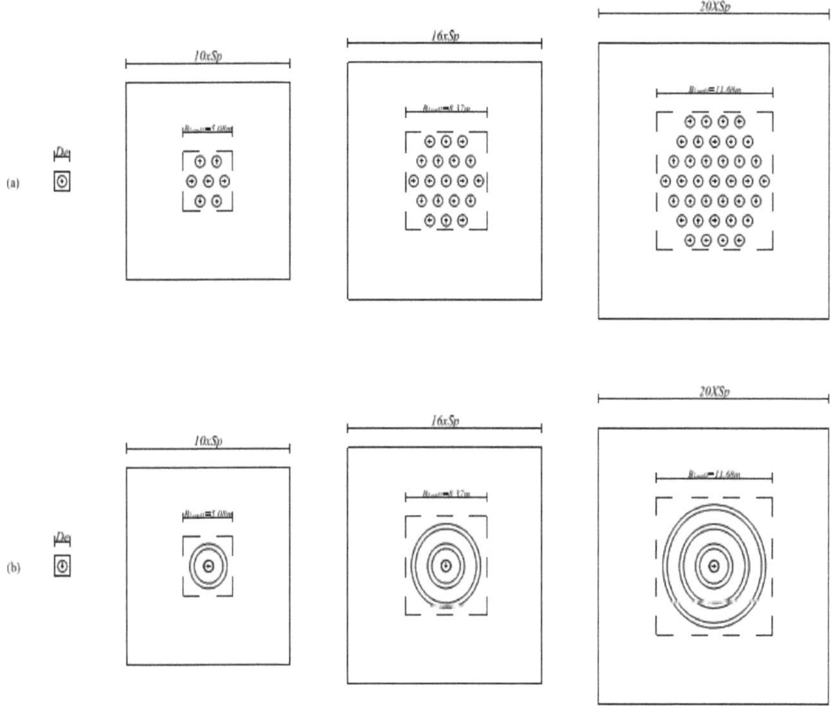

Figure 4.11. Configuration géométrique du maillage implémentée par FLAC 3D : (a) Modèle du groupe des colonnes ; (b) Modèle équivalent des anneaux concentriques.

Le tableau 4.3 illustre les caractéristiques géométriques des modèles numériques générés par FLAC 3D.

Tableau 4.3 Caractéristiques géométriques des modèles numériques des massifs de sols générés par FLAC 3D code.

Numéro de La Couronne	Épaisseur équivalente [*cm*]	Surfaces d'éléments finis	Nombre des nœuds	Nombre d'itérations
1er	52.42	3136	3375	5644
2ème	52.42	4928	5295	6237
3ème	52.42	8512	9135	8560

La variation des prédictions des tassements en fonction de la charge appliquée pour les deux modèles, modèle de 3 groupes de colonnes ballastées et ses équivalents des anneaux concentriques sont présentés dans les figures 4.12 et 4.13.

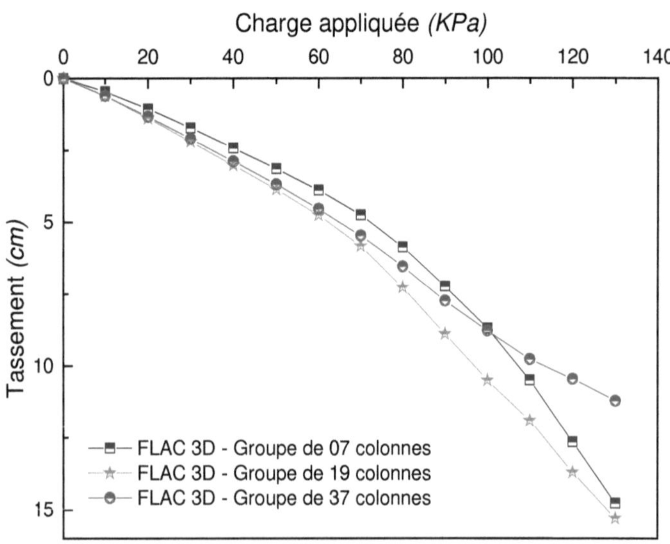

Figure 4.12. Estimation du tassement d'une fondation reposant sur un massif de sols renforcé par un groupe de 7, 19 et 37 colonnes.

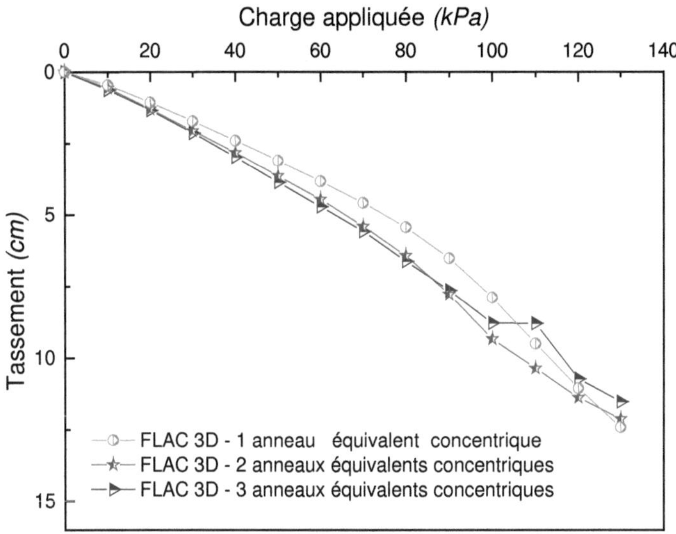

Figure 4.13. Estimation du tassement par le modèle de 1, 2 et 3 anneaux concentriques équivalents à un groupe de 7, 19 et 37 colonnes.

La figure 4.12 présente les prédictions du tassement d'un massif de sols renforcé par CB. Des groupes de 7, 19 et 37 colonnes ont été générés avec un facteur de substitution constant et une variation dans la surface de la fondation et le nombre des colonnes. L'augmentation du nombre des colonnes avec un taux de renforcement constant augmente la surface de contact entre les colonnes et le sol environnant. Ces trois configurations permettent d'évaluer la nécessité d'introduire une interface entre le sol support et les colonnes dans les simulations numériques. Les résultats obtenus montrent la non-nécessité de l'introduction d'une interface sol-colonnes. Les prédictions des trois modèles sont presque identiques. L'augmentation du nombre des colonnes n'influe pas sur les résultats d'estimation du tassement. Ce résultat est confirmé par la comparaison entre les trois modèles des anneaux concentriques équivalents. La figure 4.13 montre que les prédictions du tassement sont identiques entre les modèles de 1, 2 et 3 anneaux concentriques.

La présente section d'étude porte sur l'examination de l'efficacité du modèle équivalent des couronnes concentriques pour l'estimation du tassement d'un massif de sols mous renforcés colonnes ballastées. Une comparaison entre le modèle d'un groupe de 7 colonnes et une couronne concentrique équivalente, 19 colonnes et deux couronnes concentriques équivalentes et 37 colonnes et trois couronnes concentriques équivalentes. De même, une comparaison a été faite avec les prédictions du logiciel COLANY (Balaam et Booker, 2012).

Le logiciel COLANY a été développé à l'université de Sydney, Australie par le professeur Nigel Balaam. Il porte notamment sur l'estimation du tassement des fondations rigides reposant sur une couche de sol renforcé par colonnes ballastées installées sur un substratum rigide. Ce software base essentiellement sur la solution proposée par Balaam et Booker 1981 pour la prédiction du tassement. Elle consiste également à calculer le diamètre effectif représentant le domaine d'influence de la colonne en fonction de la configuration géométrique et du maillage du réseau des colonnes. Le programme s'appuie essentiellement donc sur le principe de la cellule élémentaire et il assume que le comportement de la cellule composite est similaire à celle d'un large groupe de colonnes ballastées.

Les figures 4.14, 4.15 et 4.16 illustrent une comparaison entre les prédictions de 7 colonnes et une couronne concentrique, 19 colonnes et 2 couronnes concentriques et 37 colonnes et 3 couronnes concentriques.

La figure 4.14 montre que les courbes de prédiction des deux modèles sont quasi-identiques. Les estimations du tassement par le logiciel COLANY sont largement sous-estimées par rapport à celles d'un groupe de colonnes. Ce programme repose sur le principe de la cellule unité qui ne tient pas compte de l'amélioration du sol environnant les colonnes.

La figure 4.15 présente des résultats semblables entre les deux modèles proposés des tassements prédits pour des charges inférieures à 100KPa.

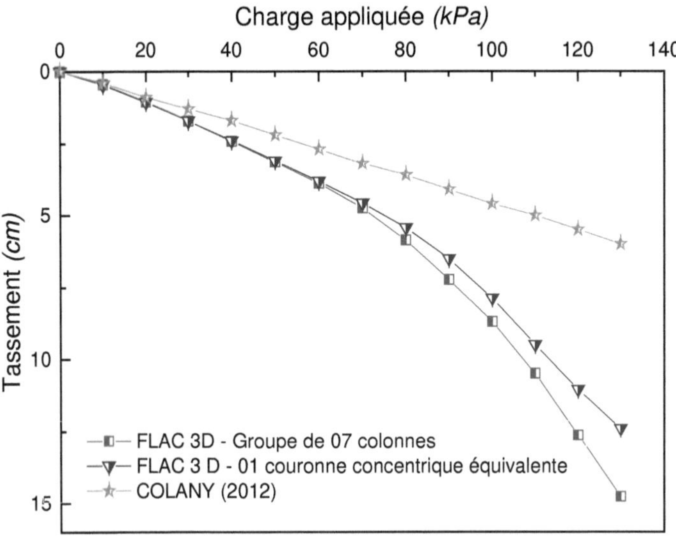

Figure 4.14. Estimation du tassement d'un groupe de 7 colonnes et 01 couronne concentrique équivalente.

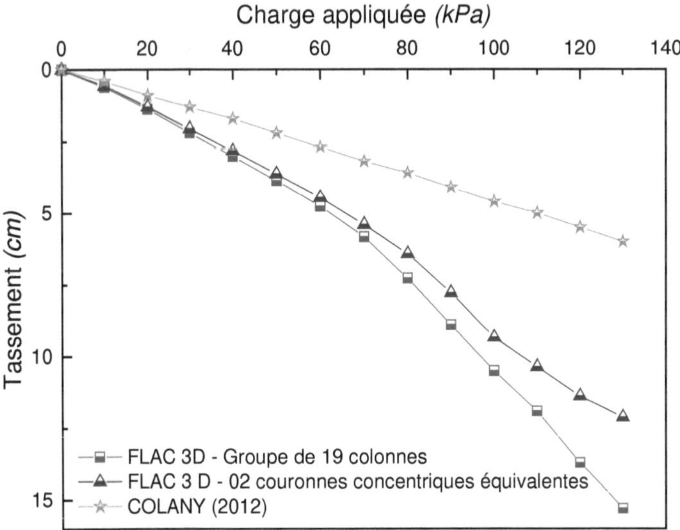

Figure 4.15. Estimation du tassement d'un groupe de 19 colonnes et 02 couronnes concentriques équivalentes.

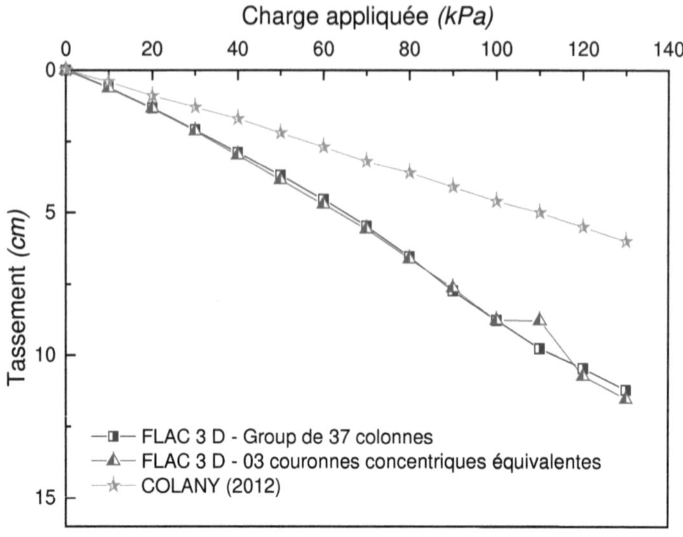

Figure 4.16. Estimation du tassement d'un groupe de 37 colonnes et 03 couronnes concentriques équivalentes.

La courbe 3.16 confirme les résultats obtenus. Les modèles équivalents présentent une bonne concordance avec les modèles d'un groupe de colonnes et les courbes des deux modèles générés sont presque superposées.

4. Conclusion

Dans ce chapitre, une analyse globale a été entamée dont le comportement de différents modèles numériques a été examiné. L'efficacité du modèle d'une colonne ballastée isolée a été étudiée dans la première section de ce chapitre. L'analyse des résultats issus de l'application du modèle ISC (Isolated Stone Column) conduit à une surestimation des tassements prédits par ce modèle. Le modèle généré ne tient pas compte de l'amélioration des caractéristiques mécaniques des sols en place entre les colonnes.

Ensuite, la génération du modèle d'un groupe de colonnes ballastées a conduit à une prédiction quasi-identique à celle mesurer expérimentalement. Les modèles générés présentent le comportement réel d'un massif de sols renforcés par colonnes ballastées. Ils tiennent notamment de l'effet de confinement latéral imposé suite à l'installation des colonnes ballastées.

La génération de tels modèles est quasi-complexe et occupe beaucoup de temps durant le processus des itérations de calculs. C'est pour cette raison que le modèle des anneaux concentriques équivalents aux groupes de colonnes ballastées est évalué. Les résultats trouvés montrent une prédiction du tassement similaire au modèle réel d'un groupe de colonnes ballastées. La validation a été prouvée pour des colonnes ballastées flottantes (cas du renforcement des quais d'Alger, Algérie). Aussi bien que pour des colonnes ballastées reposantes sur un substratum rigide (cas du réservoir pétrolier de Zarzis, Tunisie).

Chapitre 5

Prédiction du tassement d'un massif de sols renforcés par un groupe de Colonnes Ballastées CB

Chapitre 5

Prédiction du tassement d'un massif de sol renforcé par un groupe de Colonnes Ballastées CB

1. Introduction

Le dimensionnement des fondations sur sols mous est généralement subordonné vis-à-vis au tassement que la capacité portante à cause de ses fortes compressibilités. La majorité des méthodes de justification analytiques développées jusqu'à nos jours contiennent de nombreuses hypothèses simplificatrices, telles que le concept de la cellule unité ou la cellule composite (UCM). Ce principe suppose que les déplacements horizontaux sont nuls sur un certain diamètre effectif entre les colonnes (Balaam et Booker, 1982). Toutefois, ce modèle ne tient pas compte de l'amélioration due à la mise en place des colonnes, ni de l'augmentation des caractéristiques mécaniques du sol en place due à l'expansion latérale des colonnes. À cet égard, très peu de contributions ont été abordées pour étudier le comportement d'un groupe de colonnes sous divers types de chargements (Kileen et McCabe, 2012). En outre, les méthodes analytiques existantes ne considèrent pas le tassement à long terme des couches sous-jacentes dans le cas des colonnes flottantes.

Des séries de modélisations numériques tridimensionnelles ont été générées afin de proposer une investigation globale du comportement d'un massif de fondations constitué de sols mous renforcés par un groupe de colonnes ballastées. Ainsi que pour étudier l'influence des paramètres géotechniques clés sur l'amplitude des tassements de l'ensemble sol-colonnes.

2. Détails des modèles numériques générés

Trois modèles ont été adoptés dans cette étude. Le premier consiste en l'étude de l'influence de la rigidité du matériau d'apport sur la prédiction du tassement d'une colonne ballastée isolée. Le deuxième définit l'effet de la variation du module de déformation longitudinal sur les déplacements verticaux d'un groupe de 28 colonnes ballastées chargées en tête. Dans le troisième modèle, on se propose d'étudier l'influence de l'étreinte latérale offerte par le sol ambiant sur le comportement d'un petit groupe de 7 colonnes ballastées.

3. Prédiction du tassement

Dans le chapitre précédent, une analyse globale sur le choix du modèle numérique le plus adéquat pour la prédiction du tassement d'un sol renforcé par un groupe de colonnes ballastées a été élaborée. Plusieurs modèles numériques et diverses configurations géométriques ont été évalués et comparés avec des mesures expérimentales des tassements de plusieurs essais en vraie grandeur dans le but de valider et de choisir le modèle le plus compatible pour la prédiction du tassement d'un massif de sol renforcé par colonnes. Aussi bien, la nécessité d'introduire une interface sol/colonnes durant la génération des modèles numériques a été examinée.

Dans ce qui suit, une étude paramétrique globale sur l'influence de plusieurs paramètres mécaniques sur la prédiction du tassement d'une fondation reposant sur un sol mou renforcé par colonnes ballastées est proposée.

La première section s'intéresse à l'analyse de l'effet de confinement sur le tassement à court terme du massif renforcé. À cet égard, une comparaison entre les déplacements verticaux d'une colonne ballastée isolée chargée en tête et une CB entourée par un groupe de 27 colonnes installées dans un maillage triangulaire a été effectuée.

La deuxième section fait appel à une étude portant sur l'effet de plusieurs paramètres mécaniques sur le tassement d'un massif de sol renforcé par CB. L'influence de la rigidité du matériau d'apport incorporé est en premier lieu examinée. En outre, l'effet de la cohésion du sol support sur l'étreinte latérale offerte par le sol ambiant pour assurer la stabilité de la CB est étudié.

3.1. Tassement d'une colonne isolée

La prédiction numérique du tassement d'une colonne ballastée isolée installée dans une argile molle de mauvaises caractéristiques mécaniques fait objet de la présente section d'étude. La figure 1 présente le modèle numérique généré ainsi que les résultats de prédiction du tassement par la simulation numérique en comparaison avec les mesures des tassements d'une planche d'essais pour le chargement en tête d'une CB isolée.

Le modèle numérique généré pour cette simulation comporte 8463 nœuds et 8208 zones. Afin d'éliminer l'effet des conditions aux limites sur les résultats de la prédiction du tassement, les bords du modèle ont été éloignés dix fois le rayon de la colonne.

La figure 1 montre les résultats des prédictions numériques du tassement en comparaison avec les mesures in-situ résultant du chargement. Comme il le montre la figure, une divergence entre le tassement prédit et le tassement mesuré a été constatée.

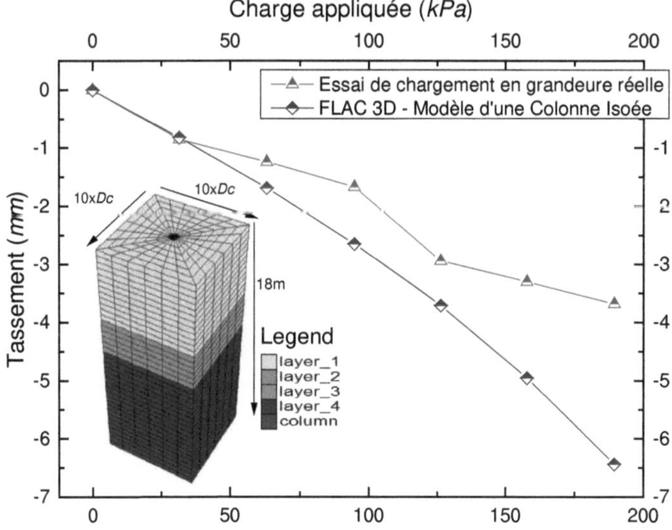

Figure 5.1. Prédiction du tassement par le modèle d'une colonne isolée vs les tassements mesurés à partir du cas d'étude du port d'Alger.

3.2. Tassement d'une colonne confinée par un groupe de CB

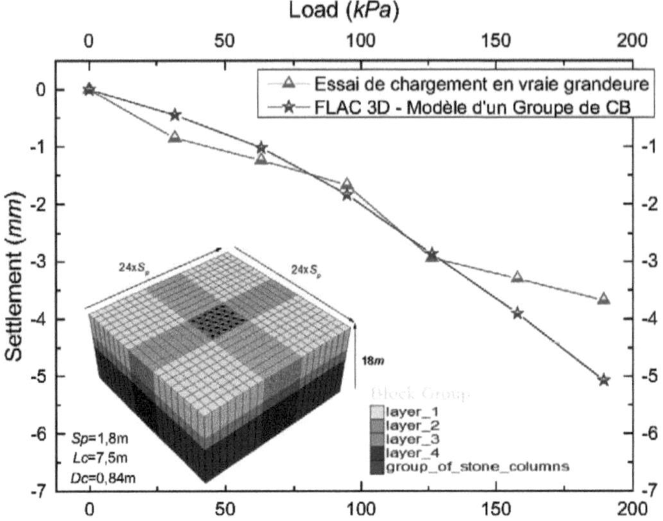

Figure 5.2. Prédiction du tassement par le modèle d'un groupe de colonnes ballastées (28 colonnes) vs les tassements mesurés à partir du cas d'étude du port d'Alger.

3.3. Influence de la rigidité du matériau incorporé sur le tassement d'une colonne isolée

La figure 5.3 illustre la prédiction du tassement d'une seule colonne ballastée installée dans argile sol mou de faibles caractéristiques mécaniques. Le chargement a été par paliers successifs et en tête de la colonne, c.-à-d., un facteur de substitution des colonnes égale à 100%. Le modèle numérique généré comporte 8463 nœuds et 8208 zones. Comme le montre la figure 5.3, les résultats des modèles générés indiquent que l'augmentation du tassement est proportionnelle à l'augmentation du module d'élasticité du matériau incorporé dans les colonnes. L'augmentation du module de déformation longitudinal des colonnes E_c de 10 à 60 MPa diminuera les déformations verticales subies par le massif de sol renforcé par colonne dues au chargement en tête de cette dernière de 60 %.

La figure 5.4 présente l'évolution du facteur de réduction des tassements β en fonction du module de Young des colonnes E_c. Comme il le montre la figure, le facteur de réduction des tassements β augmente sensiblement avec l'augmentation du module d'élasticité des colonnes E_c. La figure montre aussi que cette augmentation est remarquée plus significative pour les petites valeurs de E_c.

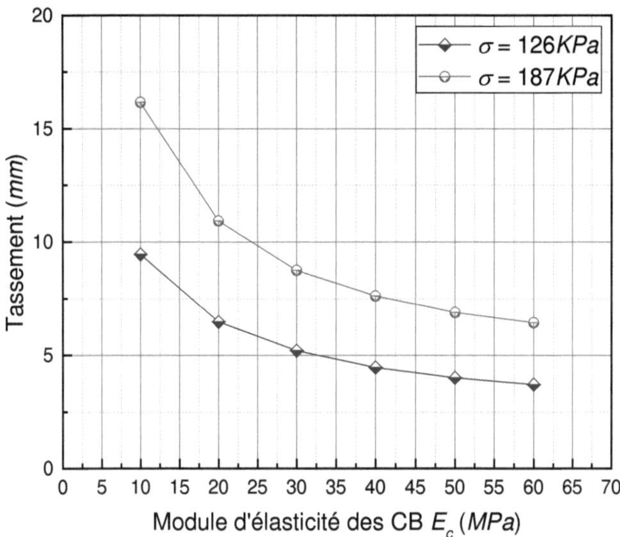

Figure 5.3. Évolution des déplacements verticaux en fonction du module de Young des colonnes E_c pour une CB isolée.

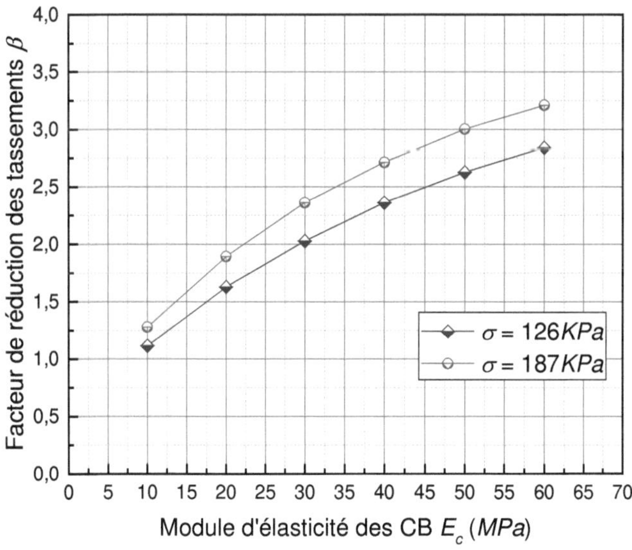

Figure 5.4. Évolution du facteur de réduction des tassements β en fonction du module de Young des colonnes E_c pour une CB isolée.

3.4. Influence de la rigidité du matériau incorporé sur le tassement d'une colonne confinée par un groupe de colonnes

La figure 5.5 présente la diminution des tassements prédits en fonction du module d'élasticité des colonnes. Aussi bien, la figure 5.6 illustre l'évolution du facteur de réduction des tassements en fonction du module de Young du matériau incorporé dans les colonnes.

En comparaison avec la figure précédente (Fig. 5.3 et Fig. 5.4), où une colonne isolée a été installée dans un sol mou de mauvaises caractéristiques mécaniques, on constate que l'allure de la courbe des tassements obtenus dans le deuxième cas de chargement sont moins que celles prédit dans le premier. Cela est dû au confinement de la colonne chargée par un groupe de CB. L'installation d'un de CB entourant la colonne chargée diminue les déplacements horizontaux ou l'expansion latérale subite par la CB chargée sous les conditions de chargement vertical imposées en tête de la colonne. Il est à noter aussi bien que la courbe des tassements qui évolue en fonction du module de rigidité des CS commence à se stabiliser pour des grandes valeurs de E_c, c.-à-d. au-delà d'une valeur de E_c égale à 40 MPa.

En outre, le facteur de réduction des tassements augmente sensiblement avec l'augmentation du module d'élasticité des colonnes. Comme il le montre la figure 5.6, l'augmentation est plus significative pour les grandes valeurs de la rigidité du ballast.

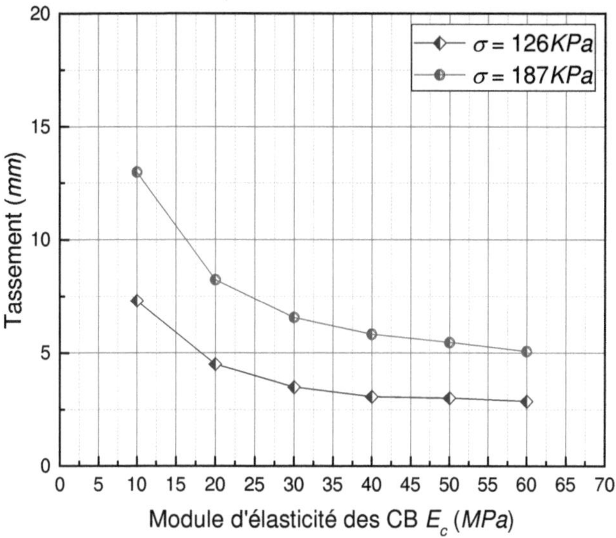

Figure 5.5. Évolution des déplacements verticaux en fonction du module de Young des colonnes E_c pour une CB entourée par un groupe de colonnes.

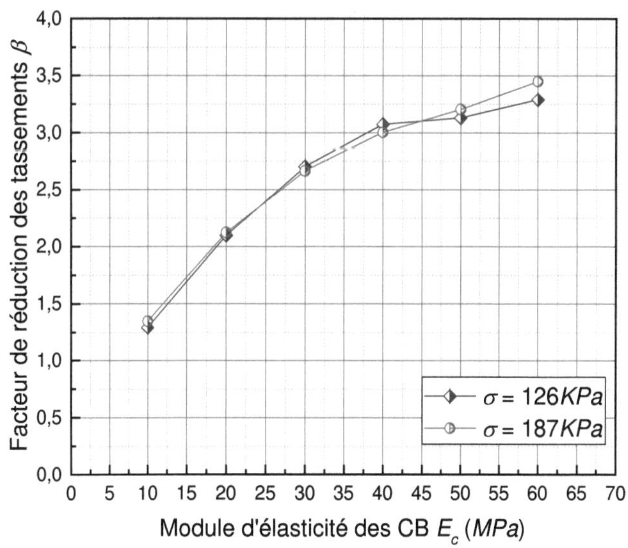

Figure 5.6. Évolution du facteur de réduction des tassements β en fonction du module de Young des colonnes E_c pour une CB entourée par un groupe de colonnes.

4. Influence de l'étreinte latérale sur le comportement d'un petit groupe de CB

La prédiction numérique du tassement d'un petit groupe de colonnes ballastées fait objet de la présente section. Un modèle d'un petit groupe de 7 CB a été généré.

Les figurent 5.7 à 5.12 présentent le comportement des colonnes ballastées et l'évolution des déplacements verticaux en fonction du chargement en surface pour différentes valeurs de la cohésion non drainé du sol en place C_u. Les résultats obtenus montrent que l'étreinte latérale minimale pour la stabilité des colonnes est de C_u=10*kPa*. Au-delà de cette valeur, la cohésion n'as aucune influence sur le tassement subi par le massif de sol renforcé par colonnes ballastées.

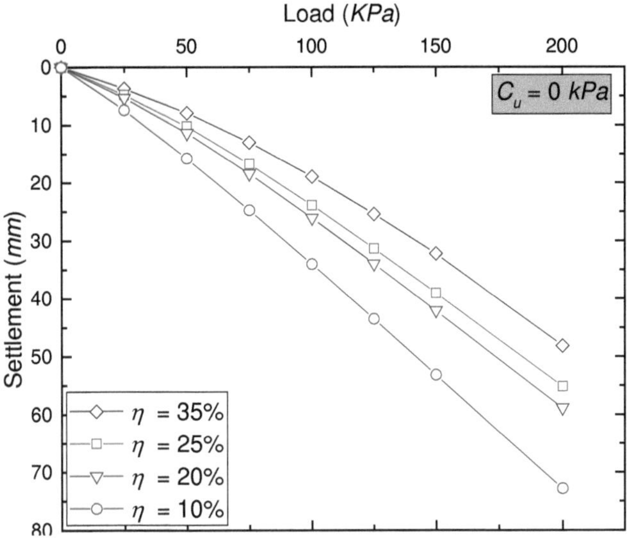

Figure 5.7. Variation du tassement en fonction de η pour $Cu = 0$ *KPa*.

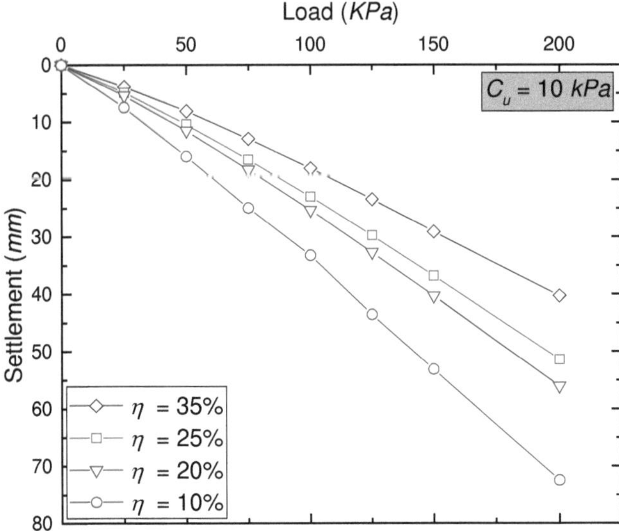

Figure 5.8. Variation du tassement en fonction de η pour $Cu = 10$ *KPa*.

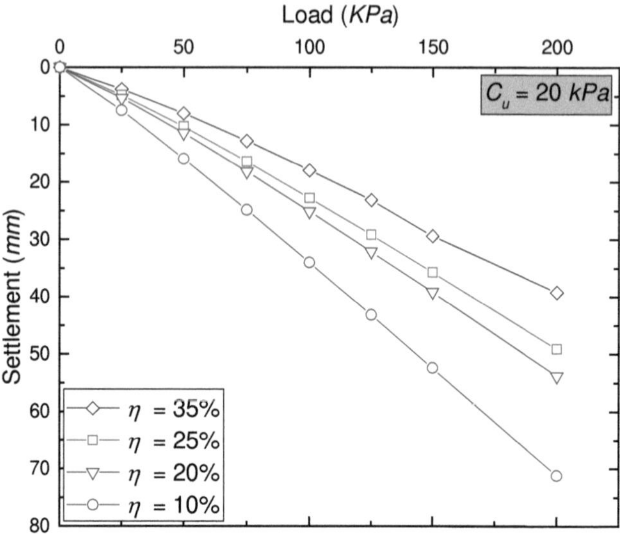

Figure 5.9. Variation du tassement en fonction de η pour *Cu* = 20 *KPa*.

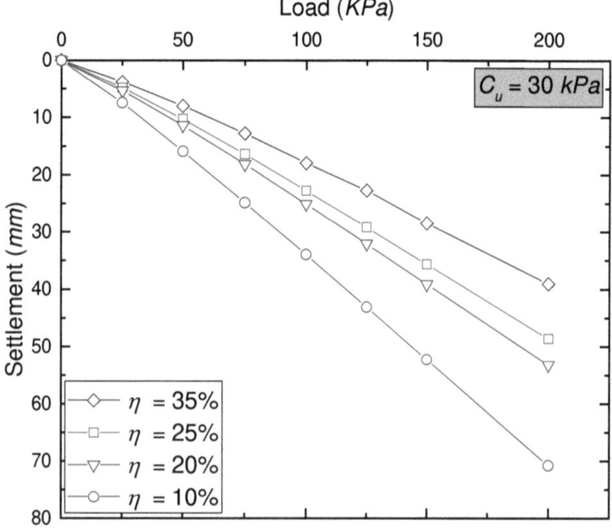

Figure 5.10. Variation du tassement en fonction de η pour *Cu* = 30 *KPa*.

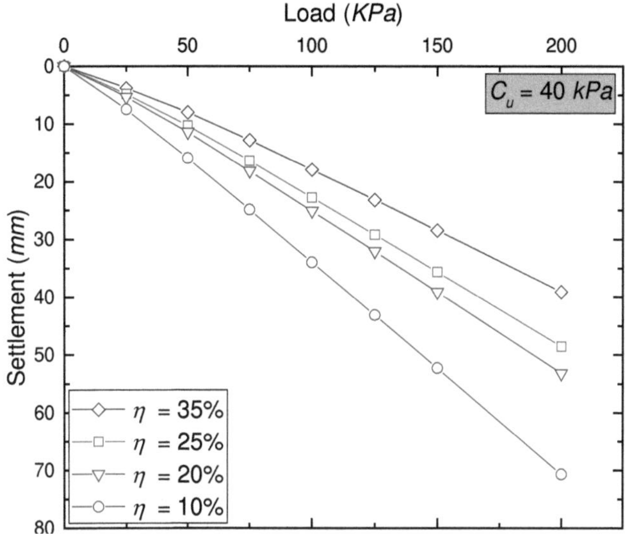

Figure 5.11. Variation du tassement en fonction de η pour Cu = 40 *KPa*.

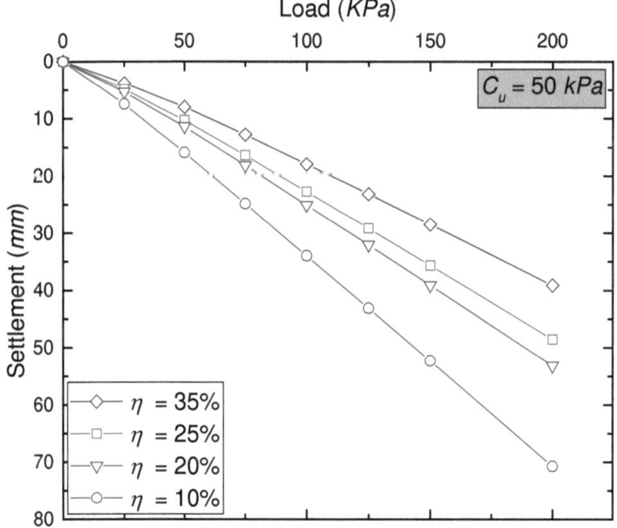

Figure 5.12. Variation du tassement en fonction de η pour Cu = 50 *KPa*.

5. Conclusion

Dans ce chapitre l'influence de quelques paramètres clés sur le comportement de l'ensemble sol-colonnes a été étudiée. L'effet de la rigidité du matériau d'apport incorporé dans les colonnes sur l'amplitude des déplacements verticales du massif sous un chargement uniformément réparti en surface est quantifié. En outre, l'évolution du facteur de réduction des tassements a été évaluée en fonction du module de déformation longitudinale des colonnes pour les deux cas. D'une part, d'une colonne ballastée isolée installée dans un sol mou. Et d'autre part, d'une CB confiné par un groupe de CB.

Ensuite, une étude sur l'étreinte latérale minimale requise pour la stabilisation de la colonne dans le sol a été entamée. Les résultats montrent que la valeur minimale requise de la cohésion du sol ambiant pour assurer la stabilité des colonnes et de l'ordre de 10 KPa. Au-delà de cette valeur, aucune influence significative de la cohésion sur le tassement n'a été remarquée.

Conclusion Générale

Conclusion générale

Le renforcement des sols par colonnes ballastées constitue une technique très efficace, moins coûteuse et plus respectueuse vis-à-vis de l'environnement, c'est-à-dire elle a le moindre impact sur l'environnement en comparaison avec d'autres techniques de renforcement des sols. Elle a pour but généralement d'amélioration des caractéristiques mécaniques des sols mous. Un traitement qui amène à une amélioration globale des sols mous afin de les rendre susceptibles à supporter des fondations des constructions légèrement à moyennement chargées tel que les barrages, les réservoirs pétroliers, les ouvrages d'art ... etc.

Le dimensionnement des fondations reposant sur un sol renforcé par colonnes s'appuie sur deux justifications : la vérification de la capacité portante des colonnes ballastées [Bouassida et Hadhri, 1995] et la prédiction des tassements du massif renforcé [Sexton, 2014 ; Priebe 1995 ; Bouassida et al. 2003]. La majorité des méthodes de dimensionnement analytiques développées jusqu'à ce jour contient de nombreuses hypothèses simplificatrices telles que le modèle de la cellule élémentaire [Balaam et Booker, 1982]. Ce modèle suppose que la colonne est confinée latéralement dont les déplacements horizontaux sont nuls aux bords de la cellule (état de contraintes-sollicitations triaxial). Par conséquent, les méthodes basant sur ce modèle ne tiennent pas compte de l'effet de groupe sur le comportement global du massif renforcé.

Dans le premier chapitre de cette thèse, les fondamentaux principes du renforcement des sols mous par des colonnes souples ont été récapitulés. Les différents procédés d'exécution à savoir l'installation des colonnes par voie sèche et l'installation avec injection de l'eau (par voie humide) ont été présentés ainsi que les champs d'application de ce type de renforcement et leurs diverses utilisations ont été détaillées. En outre, ils ont été présentés les différents mécanismes de rupture résultants sous divers types de sollicitations et chargements étendus uniformément répartis tels que les réservoirs pétroliers de grand diamètre ou les remblais routiers. Ainsi que le comportement des petits groupes de colonnes installées sous des fondations superficielles isolées ou filantes. De même, ils ont été montrés les fameuses méthodes de dimensionnement des fondations spéciales qui sont basées sur la vérification de la capacité portante d'une part, et celles qui sont basées sur la vérification des tassements en comparaison avec les tassements admissibles d'autre part.

Dans le deuxième chapitre, une brève présentation a été donnée sur les principales lois de comportement décrites essentiellement pour la simulation du comportement des massifs de sols soumis à différents types de chargement (fondations, remblais routiers, etc.).

Dans le troisième chapitre, on se propose de donner un recueil des paramètres géotechniques définissant la lithologie du site et d'évaluer sa susceptibilité à être renforcé par des colonnes souples dans le but d'améliorer les caractéristiques mécaniques initiales du sol en place. Les résultats d'investigations géotechniques montrent la présence d'une couche sableuse saturée intercalaire. Ce qui peut favoriser brusquement le risque de liquéfaction des sols dans le cas des séismes de fortes intensités tant que la Willaya d'Alger est située dans la zone de séismicité II selon le règlement Algérien des ouvrages d'art (RPOA, 2008).

Les résultats et données géotechniques issues du chapitre 3 sont utilisés durant toutes les phases des calculs du chapitre 4. Une évaluation des différents modèles numériques ainsi que des diverses configurations géométriques a été effectuée dans ce chapitre. La vérification du modèle d'une colonne isolée a conduit à une large surestimation des tassements prédits en comparaison avec les mesures in-situ des tassements lors des différents essais de chargement en grandeur réelle effectués. Cela est dû à l'absence de l'effet de confinement d'une part. Ainsi qu'à la non-prise en compte, dans ce modèle, de l'amélioration des caractéristiques initiales du sol entre les colonnes suite à l'installation et l'injection du matériau d'apport.

Dans la deuxième section de ce chapitre, des modèles d'un groupe de 28 colonnes ballastées présentant la configuration réelle des essais expérimentaux de chargement en vraie grandeur ont été générés. Les tassements résultant de cette configuration semblent d'être identiques aux celles mesurées in-situ.

La génération de tels modèles est quasi-complexe et occupe beaucoup de temps durant le processus des itérations de calculs. C'est pour cette raison que le modèle des anneaux concentriques équivalents aux groupes de colonnes ballastées est proposé et il a fait l'objet de l'évaluation suivante. Les résultats trouvés montrent une prédiction du tassement similaire au modèle réel d'un groupe de colonnes ballastées. La validation a été prouvée pour des colonnes ballastées flottantes (cas du renforcement des quais d'Alger, Algérie). Aussi bien que pour des colonnes ballastées reposantes sur un substratum rigide (cas d'étude d'un réservoir pétrolier construit à Zarzis, Tunisie).

Les principales conclusions tirées de ce chapitre sont :

- La non-efficacité du modèle d'une colonne isolée pour la prédiction du tassement des fondations spéciales.
- La non-nécessité d'introduction d'une interface entre le sol et les colonnes dans la simulation numérique d'un massif de sols renforcés par des colonnes souples.
- L'efficacité du modèle des anneaux équivalents pour la prédiction du tassement des petits groupes de colonnes ballastées destinées essentiellement pour le renforcement des sols sous des fondations superficielles.
- La performance du modèle des anneaux concentriques équivalent au modèle d'un groupe de colonnes ballastées a été prouvée pour la prédiction du tassement à court terme des colonnes souples installés sur un substratum rigide (pieux de sable) aussi bien que pour des colonnes ballastée flottantes.

Dans le dernier chapitre, on se propose d'étudier l'influence de quelques paramètres clés sur le comportement de l'ensemble sol-colonnes. L'effet de la rigidité du matériau d'apport incorporé dans les colonnes sur l'amplitude des déplacements verticales du massif sous un chargement uniformément réparti en surface est quantifié. En outre, l'évolution du facteur de réduction des tassements a été évaluée en fonction du module de déformation longitudinale des colonnes pour les deux cas. D'une part, d'une colonne ballastée isolée installée dans un sol mou. Et d'autre part, d'une CB confiné par un groupe de CB.

Ensuite, une étude sur l'étreinte latérale minimale requise pour la stabilisation de la colonne dans le sol a été entamée. Les résultats montrent que la valeur minimale requise de la cohésion du sol ambiant pour assurer la stabilité des colonnes et de l'ordre de 10 *KPa*. Au-delà de cette valeur, aucune influence significative de la cohésion sur le tassement n'a été remarquée.

Perspectives

On se propose d'étudier le comportement à long terme et la prédiction du tassement de consolidation des colonnes ballastées et pieux de sable flottants installés dans une couche de sol mou. La faible perméabilité des couches sous-jacentes conduit à des tassements de consolidation plus importante à long terme. En outre, on se proposer d'entamer une étude approfondie afin de quantifier et qualifier l'ampleur de l'expansion latérale qui subira la colonne suite à l'installation du matériau d'apport. Ce comportement participe fortement dans l'amélioration des caractéristiques mécaniques du sol ambiant entre colonnes.

Références bibliographiques

- Aboshi, H. 1973. An experimental investigation on the similitude in the consolidation of a soft clay, including the secondary creep settlement. Proceedings of the 8th International Conference on Soil Mechanics and Foundation Engineering, Moscow, 4, 3, 88.
- Aboshi, H., Ichimoto, E., Enoki, M. and Harada, K. 1979. The "Compozer" - a method to improve characteristics of soft clays by inclusion of large diameter sand columns. Proceedings of the International Conference on Soil Reinforcement: Reinforced Earth and Other Techniques, Paris, 211-216.
- Adachi, T., Oka, F. and Mimura, M. 1987. Mathematical structure of an overstress elasto-viscoplastic model for clay. Soils and Foundations, 27, 3, 31-42.
- Allman, M. A. and Atkinson, J. H. 1992. Mechanical properties of reconstituted Bothkennar soil. Géotechnique, 42, 2, 289-301.
- Ambily, A. P. and Gandhi, S. R. 2007. Behavior of Stone Columns Based on Experimental and FEM Analysis. Journal of Geotechnical and Geoenvironmental Engineering, 133, 4, 405-415.
- Atkinson, J. H., Allman, M. A. and Boese, R. J. 1992. Influence of laboratory sample preparation procedures on the strength and stiffness of intact Bothkennar soil recovered using the Laval sampler. Géotechnique, 42, 2, 349-354.
- Augustesen, A., Liingaard, M. and Lade, P. V. 2004. Evaluation of Time-Dependent Behavior of Soils. International Journal of Geomechanics, 4, 3, 137-156.
- Azzouz, A. S., Baligh, M. M. and Whittle, A. J. 1990. Shaft resistance of piles in clay. Journal of Geotechnical Engineering, 116, 2, 205-221.
- Balaam, N. P. and Booker, J. R. 1981. Analysis of rigid rafts supported by granular piles. International Journal for Numerical and Analytical Methods in Geomechanics, 5, 4, 379-403.
- Balaam, N. P. and Booker, J. R. 1985. Effect of stone column yield on settlement of rigid foundations in stabilized clay. International Journal for Numerical and Analytical Methods in Geomechanics, 9, 4, 331-351.
- Barksdale, R. D. and Bachus, R. C. 1983. Design and Construction of Stone Columns - Volume I, Federal Highway Administration Report FHWA/RD-83/026, National Technical Information Service, Springfield, Virginia.

- Barron, R. A. 1948. Consolidation of fine-grained soils by drain wells. Transactions of ASCE, 113, 718-742.
- Bathe, K. J. 1982. Finite element analysis in engineering analysis, New Jersey, Prentice Hall.
- Baumann, V. and Bauer, G. E. A. 1974. The performance of foundations on various soils stabilized by the vibro-compaction method. Canadian Geotechnical Journal, 11, 4, 509-530.
- Bell, A. L. 2004. The development and importance of construction technique in deep vibratory ground improvement. Ground and Soil Improvement (Raison C. A. (ed.)), Session 3, 101-111.
- Berre, T. and Iversen, K. 1972. Oedometer tests with different specimen heights on a clay exhibiting large secondary compression. Géotechnique, 22, 1, 53-70.
- Biot, M. A. 1941. General Theory of Three-Dimensional Consolidation. Journal of Applied Physics, 12, 2, 155-164.
- Bjerrum, L. 1967. Engineering geology of Norwegian normally-consolidated marine clays as related to settlements of buildings. Seventh Rankine Lecture. Géotechnique, 17, 2, 81-118.
- Black, J. A., Sivakumar, V. and Bell, A. 2011. The settlement performance of stone column foundations. Géotechnique, 61, 11, 909-922.
- Bodas Freitas, T. M. 2008. Numerical Modelling of the Time Dependent Behaviour of Clays. Master's Thesis, Imperial College London.
- Bodas Freitas, T. M., Potts, D. M. and Zdravkovic, L. 2011. A time dependent constitutive model for soils with isotach viscosity. Computers and Geotechnics, 38, 6, 809- 820.
- Bolton, M. D. 1986. The strength and dilatancy of sands. Géotechnique, 36, 1, 65-78.
- Borges, J. L., Domingues, T. S. and Cardoso, A. S. 2009. Embankments on Soft Soil Reinforced with Stone Columns: Numerical Analysis and Proposal of a New Design Method, Geotechnical and Geological Engineering, 27, 6, 667-679.
- Bouassida, M. 1996. Etude expérimentale du renforcement de la vase de Tunis par colonnes de sable - Application pour la validation de la résistance en compression théorique d'une cellule composite confinée. Revue Française de Géotechnique 75, p. 3–12.
- Bouassida, M. 2016. Design of Column-Reinforced Foundations. JRoss Publishing.
- Bouassida, M. 2006. Modeling the behavior of soft clays and new contributions for soil improvement solutions. Keynote Lecture. Proc. 2nd Int. Conf. on Problematic Soils.

December 3-5th 2006. Petaming Jaya, Salengor, Malaysia. Editors Bujang, Pinto & Jefferson, 1-12.

- Bouassida, M. 1996. Étude expérimentale du renforcement de la vase de Tunis par colonnes de sable – Application pour la validation de la résistance en compression théorique d'une cellule composite confinée. Revue Française de Géotechnique, 75 (2), 3 – 12.
- Bouassida, M. 2013. Comprehensive design of column reinforced foundation. Int. J. of Geotech. Eng. Many & Sons Ltd, 7 (2), 156 – 164.
- Bouassida, M. and Carter J. P. 2014. Optimization of Design of Column-reinforced Foundations. International Journal of Geomechanics.
- Bouassida, M. et Hazzar L. 2008.Comparison between stone columns and vertical geodrains with preloading embankment techniques. Press proceedings 6th Int. Conf. on case histories in geotechnical engineering. Arlington VA. USA, p. 11–18.
- Bouassida, M. et Hazzar L. 2012. Novel tool for optimised design of reinforced soils by Columns. Proceedings of the institution of civil engineers ground improvement. 165, p. 31–40.
- Bouassida, M. and Hadari, T. 1995. Extreme load of soils reinforced by columns: the case of an isolated column. Soils and Foundations, 35, 1, 21-35.
- Brinkgreve, R. B. J. 1994. Geomaterial models and numerical analysis of softening. Doctoral thesis, Faculty of Civil Engineering, Delft University of Technology.
- Brinkgreve, R. B. J. 2001. The role of OCR in the SSC Model. Plaxis Bulletin 10, PLAXIS B.V.
- BritishStandards 1999. British Standard 5930 (BS5930). Code of Practice for Site Investigations, London.
- Buisman, A. S. K. 1936. Results of long duration settlement tests. Proceedings of the 1st International Conference on Soil Mechanics and Foundation Engineering, 1, Cambridge, Massachusetts, 103-107.
- Burland, J. B. 1990. On the compressibility and shear strength of natural clays. Géotechnique, 40, 3, 329-378.
- Butterfield, R. 1979. A natural compression law for soils (an advance on e-log p')(technical note). Géotechnique, 29, 4, 469-480.
- Carter, J. P., Randolph, M. F. and Wroth, C. P. 1979. Stress and pore pressure changes in clay during and after the expansion of a cylindrical cavity. International Journal for Numerical and Analytical Methods in Geomechanics, 3, 4, 305-322.

- Casagrande, A. 1936. The Determination of the Pre-Consolidation Load and its Practical Significance. Proceedings of the 1st International Conference on Soil Mechanics and Foundation Engineering, 3, Cambridge, Massachusetts, 60-64.
- Castro, J. and Sagaseta, C. 2009. Consolidation around stone columns. Influence of column deformation. International Journal for Numerical and Analytical Methods in Geomechanics, 33, 7, 851-877.
- Castro, J. and Karstunen, M. 2010. Numerical simulations of stone column installation. Canadian Geotechnical Journal, 47, 10, 1127-1138.
- Castro, J. and Sagaseta, C. 2011. Consolidation and deformation around stone columns: Numerical evaluation of analytical solutions. Computers and Geotechnics, 38, 3, 354-362.
- Castro, J., Karstunen, M. and Sivasithamparam, N. 2014. Influence of stone column installation on settlement reduction. Computers and Geotechnics, 59, 87-97.
- Charles, J. A. and Watts, K. A. 1983. Compressibility of soft clay reinforced with granular columns. Proceedings of the 8th European Conference on Soil Mechanics and Foundation Engineering, Helsinki, Finland, 347-352.
- Chen, S. L., Ho, C. T. and Gui, M. W. 2014. Diaphragm wall displacement due to creep of soft clay. Proceedings of the ICE - Geotechnical Engineering, 167, 3, 297-310.
- Christian, J. T. and Carrier, W. D. Janbu. 1978. Bjerrum and Kjaernsli's chart reinterpreted. Canadian Geotechnical Journal, 15, 1, 123-128.
- Cooper, M. R. and Rose, A. N. 1999. Stone column support for an embankment on deep alluvial soils. Proceedings of the ICE - Geotechnical Engineering, 137, 1, 15-25.
- Debats, J. M., Guetif, Z. and Bouassida, M. 2003. Soft soil improvement due to vibro-compacted columns installation. Proceedings of the International Workshop "Geotechnics of Soft Soils. Theory and Practice", Noordwijkerhout, The Netherlands, 551-556.
- Degago, S. A. 2011. On Creep during Primary Consolidation of Clays. PhD Thesis, Norwegian University of Science and Technology (NTNU).
- Degago, S.A., Grimstad, G., Jostad, H.P., Nordal, S. and Olsson, M. 2011. Use and misuse of the isotache concept with respect to creep hypotheses A and B. Géotechnique, 61, 10, 897-908.
- Domingues, T. S., Borges, J. L. and Cardoso, A. S. 2007a. Stone columns in embankments on soft soils. Analysis of the effects of the gravel deformability. Proceedings of the 14th European Conference on Soil Mechanics and Geotechnical Engineering, Madrid, Spain, 1445-1450.

- Domingues, T. S., Borges, J. L. and Cardoso, A. S. 2007b. Parametric study of stone columns in embankments on soft soils by finite element method. Proceedings of the 5th International Workshop on Applications of Computational Mechanics in Geotechnical Engineering, Guimaraes, Portugal, 281-291.
- Duncan, J. M. and Chang, C. Y. 1970. Nonlinear analysis of stress and strain in soils. Journal of the Soil Mechanics and Foundation Division, 96, 5, 1629-1653.
- Duncan. J. M, Byrne. P, Wong. K. S, and Mabry. P. (1980):"Strength, stress-strain and bulk modulus parameters for finite element analysis of stresses and movement in soil", University of California, Berkeley, Department of Civil Engineering. Geotech Engineering Research Report.
- Egan, D., Scott, W. and McCabe, B. A. 2008. Observed installation effects of vibro replacement stone columns in soft clay. Proceedings of the 2nd International Workshop on the Geotechnics of Soft Soils - Focus on Ground Improvement, Glasgow, 23-29.
- Ellouze, S. and Bouassida, M. 2009. Prediction of the settlement of reinforced soft clay by a group of stone columns. Proceedings of the 2nd International Conference on New Developments in Soil Mechanics and Geotechnical Engineering, Nicosia, North Cyprus, 182-187.
- Elshazly, H., Hafez, D. and Mossaad, M. 2006. Back-calculating vibro-installation stresses in stone-column-reinforced soils. Proceedings of the ICE - Ground Improvement, 10, 2, 47-53.
- Elshazly, H., Elkasabgy, M. and Elleboudy, A. 2008. Effect of Inter-Column Spacing on Soil Stresses due to Vibro-Installed Stone Columns: Interesting Findings. Geotechnical and Geological Engineering, 26, 2, 225-236.
- Etezad, M., Hanna, A. M. and Ayadat, T. 2006. Bearing capacity of group of stone columns. Proceedings of the 6th European Conference on Numerical Methods in Geotechnical Engineering, Graz, Austria, 781-786.
- Fatahi, B., Le, T. M. and Khabbaz, H. 2012. Influence of Soil Creep on Stability of Embankment on Soft Soil. Proceedings of the International Conference on Ground Improvement and Ground Control (ICGI 2012). Wollongong, 1, 485-490.
- Feng, T. W. 1991. Compressibility and permeability of natural soft clays and surcharging to reduce settlements. PhD Thesis, University of Illinois at Urbana-Champaign.
- FLAC3D. 2015. User Manual. Minneapolis, MN, USA: Itasca Consulting Group.

- Fox, P. J. and Edil, T. B. 1996. Effects of stress and temperature on secondary compression of peat. Canadian Geotechnical Journal, 33, 3, 405-415.
- French Committee for Soil Mechanics and Foundations (CFMS). 2011. Recommendations for the design, calculation, construction and quality control of stone columns under buildings and sensitive structure. RFG No 111, Version No 2, France
- Gäb, M., Schweiger, H. F., Thurner, R. and Adam, D. 2007. Field trial to investigate the performance of a floating stone column foundation. Proceedings of the 14th European Conference on Soil Mechanics and Geotechnical Engineering, Madrid, Spain, 1311-1316.
- Gäb, M., Schweiger, H. F., Kamrat-Pietraszewska, D. and Karstunen, M. 2008. Numerical analysis of a floating stone column foundation using different constitutive models. Proceedings of the 2nd International Workshop on the Geotechnics of Soft Soils -Focus on Ground Improvement, Glasgow, 137-142.
- Garlanger, J. E. 1972. The consolidation of soils exhibiting creep under constant effective stress. Géotechnique, 22, 1, 71-78.
- Gautray, J., Laue, J. and Springman, S. M. 2014. Investigation of the spatial distribution of installation effects around stone columns with an electrical needle. Proceedings of the 8th International Conference on Physical Modelling in Geotechnics 2014 (ICPMG2014), Perth, Australia, 289-294, 'ICPMG2014 - Physical Modelling in Geotechnics', Taylor & Francis, Gaudin, C. & White, D. Eds.
- Gens, A. and Nova, R. 1993. Conceptual bases for a constitutive model for bonded soils and weak rocks. Proceedings of the International Symposium on Geotechnical Engineering of Hard Soils - Soft Rocks, Athens, Greece, 485-494.
- Gibson, R. E. and Anderson, W. F. 1961. In situ measurements of soil properties with the pressuremeter. Civil Engineering and Public Works Review, 56, 658, 615-618.
- Goughnour, R.R. and Barksdale, R.D. 1984. Performance of a stone column supported embankment, Proc. of Inter. Conf. on case histories in geotechnical Eng. Editor Shamasher Prakash, university of Missouri-Rolla, May 6-11, 1984, Vol. II, pp735-741.
- Goughnour, R. R. and Bayuk, A. A. 1979a. Analysis of stone column-soil matrix interaction under vertical load. Proceedings of the International Conference on Soil Reinforcement: Reinforced Earth and Other Techniques (Coll. Int. Renforcements des Sols.), 1, Paris, France, 271-277.
- Goughnour, R. R. and Bayuk, A. A. 1979b. A field study of long term settlements of loads supported by stone columns in Soft Ground. Proceedings of the international conference on

soil reinforcement: Reinforced earth and other techniques (Coll. Int. Renforcements des sols.), 1, Paris, France, 279-285.

- Graham, J., Crooks, J. H. and Bell, A. L. 1983. Time effects on the stress-strain behaviour of natural soft clays. Géotechnique, 33, 3, 327-340.
- Greenwood, D. A. 1970. Mechanical improvement of soils below ground surface. Proceedings of the Ground Engineering Conference Organised by the Institution of Civil Engineers, 2, London, 11-22.
- Grimstad, G. and Degago, S. A. 2010. A non-associated creep model for structured anisotropic clay (n-SAC). Proceedings of the 7th European Conference on Numerical Methods in Geotechnical Engineering, Trondheim (Norway), 3-8.
- Grimstad, G., Degago, S. A., Nordal, S. and Karstunen, M. 2010. Modeling creep and rate effects in structured anisotropic soft clays. Acta Geotechnica, 5, 1, 69-81.
- Guetif, Z., Bouassida, M. and Debats, J. M. 2007. Improved soft clay characteristics due to stone column installation. Computers and Geotechnics, 34, 2, 104-111.
- Han, J. and Ye, S. L. 2001. Simplified Method for Consolidation Rate of Stone Column Reinforced Foundations. Journal of Geotechnical and Geoenvironmental Engineering, 127, 7, 597-603.
- Hanna, A. M., Etezad, M. and Ayadat, T. 2013. Mode of Failure of a Group of Stone Columns in Soft Soil. International Journal of Geomechanics, 13, 1, 87-96.
- Herle, I., Wehr, J. and Arnold, M. 2008. Soil improvement with vibrated stone columns: influence of pressure level and relative density on friction angle. Proceedings of the 2nd International Workshop on the Geotechnics of Soft Soils - Focus on Ground Improvement, Glasgow, 235-240.
- Hight, D. W., Boese, R., Butcher, A. P., Clayton, C. R. I. and Smith, P. R. 1992a. Disturbance of the Bothkennar clay prior to laboratory testing. Géotechnique, 42, 2, 199-217.
- Hight, D. W., Bond, A. J. and Legge, J. D. 1992b. Characterization of the Bothkennar clay: An overview. Géotechnique, 42, 2, 303-347.
- Hughes, J. M. O. and Withers, N. J. 1974. Reinforcing of soft cohesive soils with stone columns. Ground Engineering, 7, 3, 42-49.
- Imai, G. and Tang, Y. X. 1992. Constitutive equation of one-dimensional consolidation derived from inter-connected tests. Soils and Foundations, 32, 2, 83-96.

- Institution of Civil Engineers. 1992. Bothkennar soft clay test site: characterization and lessons learned. Géotechnique, 42, 2, 161-378.
- Jacobs, P. A. and Coutts, J. S. 1992. Comparison of electric piezocone tips at the Bothkennar test site. Géotechnique, 42, 2, 369-375.
- Jaky, J. 1944. The coefficient of earth pressure at rest (in Hungarian). Journal of the Union of Hungarian Engineers and Architects, 355-358.
- Janbu, N. 1969. The resistance concept applied to deformations of soils. Proceedings of the 7th International Conference on Soil Mechanics and Foundation Engineering (ICSMFE), 1, Mexico City, Mexico, 191-196.
- Jardine, R. J., Lehane, B. M., Smith, P. R. and Gildea, P. A. 1995. Vertical loading experiments on rigid pad foundations at Bothkennar. Géotechnique, 45, 4, 573-597.
- Jassim, I., Coetzee, C. and Vermeer, P. A. 2013. A dynamic material point method for geomechanics. Proceedings of the International Conference on Installation Effects in Geotechnical Engineering (ICIEGE), Rotterdam, The Netherlands, 15-23.
- Jostad, H. P. and Degago, S. A. 2010. Comparison of methods for calculation of settlements of soft clay. Proceedings of the 7th European Conference on Numerical Methods in Geotechnical Engineering, Trondheim (Norway), 57-62.
- Kabbaj, M., Tavenas, F. and Leroueil, S. 1988. In situ and laboratory stress-strain relationships. Géotechnique, 38, 1, 83-100.
- Kamrat-Pietraszewska, D., Krenn, H., Sivasithamparam, N. and Karstunen, M. 2008. The influence of anisotropy and destructuration on a circular footing. Proceedings of the 2nd British Geotechnical Association (BGA) International Conference on Foundations (ICOF), 2, Dundee, 1527-1536.
- Kamrat-Pietraszewska, D. and Karstunen, M. 2009. The behaviour of stone column supported embankment constructed on soft soil. Computational Geomechanics, COMGEO I - Proceedings of the 1st International Symposium on Computational Geomechanics, Juan-les-Pins, 829-841.
- Karstunen, M., Krenn, H., Wheeler, S. J., Koskinen, M. and Zenter, R. 2005. Effect of Anisotropy and Destructuration on the Behavior of Murro Test Embankment. ASCE International Journal of Geomechanics, 5, 2, 87-97.
- Karstunen, M., Wiltafsky, C., Krenn, H., Scharinger, F. and Schweiger, H. F. 2006. Modelling the behaviour of an embankment on soft clay with different constitutive models.

International Journal for Numerical and Analytical Methods in Geomechanics, 30, 10, 953-982.

- Karstunen, M., Sivasithamparam, N., Brinkgreve, R. B. J. and Bonnier, P. G. 2013. Modelling rate-dependent behaviour of structured clays. Proceedings of the International Conference on Installation Effects in Geotechnical Engineering (ICIEGE), Rotterdam, The Netherlands, 43-50.
- Killeen, M. M. and McCabe, B. A. 2010. A Numerical Study of Factors Affecting the Performance of Stone Columns Supporting Rigid Footings on Soft Clay. Proceedings of the 7th European Conference on Numerical Methods in Geotechnical Engineering, Trondheim (Norway), 833-838.
- Killeen, M. M. 2012. Numerical modelling of small groups of stone columns. PhD Thesis, National University of Ireland, Galway.
- Kirsch, F. 2004. Experimentelle und numerische Untersuchungen zum Tragverhalten von Rüttelstopfsäulengruppen. PhD Thesis, Technischen Universität Carolo-Wilhelmina zu Braunschweig.
- Kirsch, F. 2006. Vibro Stone Column Installation and its Effect on Ground Improvement. Proceedings of the International Conference on Numerical Modelling of Construction Processes in Geotechnical Engineering for Urban Environment, Bochum, Germany, 115-124.
- Klai, M. Bouassida, M. and Tabchouche S. 2015. Numerical modelling of Tunis soft clay. Geotechnical Engineering Journal of the SEAGS & AGSSEA Vol. 46 No. 4 December 2015 ISSN 0046-5828.
- Kok Shien, N. G. 2013. Numerical Study of Floating Stone Columns. PhD Thesis, National University of Singapore.
- Konovalov, P. A. and Bezvolev, S. G. 2005. Analysis of results of consolidation tests of saturated clayey soils. Journal of Soil Mechanics and Foundation Engineering, 42, 3, 81-85.
- Koskinen, M., Karstunen, M. and J., W. S. 2002. Modelling destructuration and anisotropy of a natural soft clay. Proceedings of the 5th European Conference on Numerical Methods in Geotechnical Engineering (NUMGE 2002), Paris, 11-20.
- Landva, A. 1964. Equipment for cutting and mounting undisturbed specimens of clay in testing devices. Publication 56, 1-5, Norwegian Geotechnical Institute.

- Le, T. M., Fatahi, B. and Khabbaz, H. 2011. Soil Creep Mechanisms and Inducing Factors. International Conference on Advances in Geotechnical Engineering, Perth, 241-246.
- Lee, J. S. and Pande, G. N. 1998. Analysis of stone-column reinforced foundations. International Journal for Numerical and Analytical Methods in Geomechanics, 22, 12, 1001-1020.
- Lee, F.H., Juneja, A. and Tan, T.S. 2004. Stress and pore pressure changes due to sand compaction pile installation in soft clay. Géotechnique, 54, 1, 1-16.
- Leoni, M., Karstunen, M. and Vermeer, P. A. 2008. Anisotropic creep model for soft soils. Géotechnique, 58, 3, 215-226.
- Leroueil, S., Tavenas, F., Brucy, F., La Rochelle, P. and Roy, M. 1979. Behaviour of destructured natural clays. Journal of Geotechnical Engineering, 105, 6, 759-778.
- Leroueil, S., Tavenas, F., Kabbaj, M. and Bouchard, R. 1985. Stress-strain-strain rate relation for the compressibility of sensitive natural clays. Géotechnique, 35, 2, 159-180.
- Leroueil, S. and Vaughan, P. R. 1990. The general and congruent effects of structure in natural soils and weak rocks. Géotechnique, 40, 3, 467-488.
- Leroueil, S., Lerat, P., Hight, D. W. and Powell, J. J. M. 1992. Hydraulic conductivity of a recent estuarine silty clay at Bothkennar. Géotechnique, 42, 2, 275-288.
- Leroueil, S. 2006. Šuklje Memorial Lecture: The isotache approach. Where are we 50 years after its development by Professor Šuklje? Proceedings of the 13th Danube European Conference on Geotechnical Engineering (XIII Danube-European Geotechnical Engineering Conference), 2, Ljubljana, Slovenia, 55-88.
- Liingaard, M., Augustesen, A. and Lade, P. V. 2004. Characterization of Models for Time-Dependent Behavior of Soils. International Journal of Geomechanics, 4, 3, 157-177.
- Lo, K. Y. and S. D. Hinchberger. 2006. Stability analysis accounting for macroscopic and microscopic structures in clays. Proceedings of the 4th International Conference on Soft Soil Engineering, Vancouver, Canada, 3-34.
- Lopes, P. J. G. 2011. Colunas de Brita no Melhoramento de Solos Moles. Universidade de Aveiro.
- Madhav, M. R. and Vitkar, P. P. 1978. Strip footing on weak clay stabilized with a granular trench or pile. Canadian Geotechnical Journal, 15, 4, 605-609.
- Madhav, M. R., Suresh, K. and Nirmala Peter, E. C. 2009. Creep Effect on Response of Granular Pile Reinforced Ground. Ground Improvement Technologies and Case Histories, Singapore.

- Madhav, M. R., Suresh, K. and Peter, E. C. N. 2010. Effect of creep on settlement of granular pile reinforced ground. International Journal of Geotechnical Engineering, 4, 4, 495-505.
- Mar, A. 2002. How to Undertake Finite Element Based Geotechnical Analysis, NAFEMs Publication, UK.
- McCabe, B. A., McNeill, J. A. and Black, J. A. 2007. Ground improvement using the vibro-stone column technique. Transactions of the Institution of Engineers of Ireland, Galway.
- McCabe, B. A., Nimmons, G. J. and Egan, D. 2009. A review of field performance of stone columns in soft soils. Proceedings of the ICE - Geotechnical Engineering, 162, 6, 323-334.
- McCabe, B. A., Kamrat-Pietraszewska, D. and Egan, D. 2013. Ground heave induced by installing stone columns in clay soils. Proceedings of the ICE - Geotechnical Engineering, 166, 6, 589-593.
- McKelvey, D., Sivakumar, V., Bell, A. and Graham, J. 2004. Modelling vibrated stone columns in soft clay. Proceedings of the ICE - Geotechnical Engineering, 157, 3, 137-149.
- McMeeking, R. M. and Rice, J. R. 1975. Finite-element formulations for problems of large elastic-plastic deformation. International Journal of Solids and Structures, 11, 5, 601-616.
- Mesri, G. 1973. Coefficient of Secondary Compression. Journal of the Soil Mechanics and Foundations Division, 99, 1, 123-137.
- Mesri, G. and Godlewski, P. M. 1977. Time and Stress-Compressibility Interrelationship. Journal of the Geotechnical Engineering Division, 103, 5, 417-430.
- Mesri, G. and Choi, Y. K. 1985. The uniqueness of the end-of-primary (EOP) void ratio-effective stress relationship. Proceedings of the 11th International Conference on Soil Mechanics and Foundation Engineering (ICSMFE), 2, San Francisco, 587-590.
- Mesri, G. and Castro, A. 1987. Cα/Cc Concept and K0 During Secondary Compression. Journal of Geotechnical Engineering, 113, 3, 230-247.
- Mesri, G. and Vardhanabhuti, B. 2005. Secondary Compression. Journal of Geotechnical and Geoenvironmental Engineering, 131, 3, 398-401.
- Mitchell, J. K. and Huber, T. R. 1985. Performance of a Stone Column Foundation. Journal of Geotechnical Engineering, 111, 2, 205-223.
- Mitchell, J. K. and Kelly, R. 2013. Addressing some current challenges in ground improvement. Proceedings of the ICE - Ground Improvement, 166, 3, 127-137.

- Moorhead, M. C. 2013. Effectiveness of Granular Columns for Containing Settlement of Foundations Supported on Soft Clay. PhD Thesis, The Queen's University, Belfast.
- Moreau, Neil et Mary. 1835. Fondations – Emploi du sable. Annales des Ponts et Chaussées. Mémoires, N°. 224, p. 171-214.
- Muir Wood, D., Hu, W. and Nash, D. F. T. 2000. Group effects in stone column foundations: model tests. Géotechnique, 50, 6, 689-698.
- Munfakh, G. A., Sarkar, S. K. and Castelli, R. J. 1983. Performance of a test embankment founded on stone columns. Proceedings of the International Conference on Advances in Piling and Ground Treatment for Foundations, London, 193-199.
- Narasimha Rao, S., Madhiyan, M. and Prasad, Y. V. S. N. 1992. Influence of bearing area on the behavior of stone columns. Proceedings of the Indian Geotechnical Conference, Calcutta, India, 235-237.
- Nash, D. F. T., Powell, J. J. M. and Lloyd, I. M. 1992a. Initial investigations of the soft clay test site at Bothkennar. Géotechnique, 42, 2, 163-181.
- Nash, D. F. T., Sills, G. C. and Davison, L. R. 1992b. One-dimensional consolidation testing of soft clay from Bothkennar. Géotechnique, 42, 2, 241-256.
- Nash, D. F. T. 2001. Modelling the effects of surcharge to reduce long term settlement of reclamations over soft clays: a numerical case study. Soils and Foundations, 41, 5, 1-13.
- Nash, D. F. T. and Ryde, S. J. 2001. Modelling consolidation accelerated by vertical drains in soils subject to creep. Géotechnique, 51, 3, 257-273.
- Neher, H. P., Sterr, C., Messerklinger, S. and Koskinen, M. 2003. Numerical modelling of anisotropy of Otaniemi Clay. Proceedings of the International Workshop "Geotechnics of Soft Soils. Theory and Practice", Noordwijkerhout, The Netherlands, 21-230.
- Ollson, M. 2013. On Rate-Dependency of Gothenburg Clay. PhD Thesis, Chalmers University of Technology, Gothenburg, Sweden.
- Paul, M. A., Peacock, J. D. and Wood, B. F. 1992. Engineering geology of the Carse clay at the National Soft Clay Research Site, Bothkennar. Géotechnique, 42, 2, 183-198.
- Perzyna, P. 1963. The constitutive equations for work-hardening and rate sensitive plastic materials. Proceedings of Vibration Problems Warsaw, 4, 281-290.
- Perzyna, P. 1966. Fundamental problems in viscoplasticity. Advances in Applied Mechanics, 9, 2, 244–377.
- Philipponnat, G. et Hubert, B. 2016. Fondations et ouvrages en terre. Collection Blanche BTP.

- Poincarré H., Borel E. et Drach J. 1892. Leçons sur la théorie de l'élasticité. Cours de la faculté des sciences de Paris.
- Poorooshasb, H. B. and Meyerhof, G. G. 1997. Analysis of behavior of stone columns and lime columns. Computers and Geotechnics, 20, 1, 47-70.
- Potts, D. M. and Zdravkovic, L. 1999. Finite element analysis in geotechnical engineering: Theory, London, Thomas Telford.
- Priebe, H. J. 1976. Evaluation of the settlement reduction of a foundation improved by Vibro-Replacement. Bautechnik, 2, 160-162.
- Priebe, H. J. 1995. The design of vibro replacement. Ground Engineering, 28, 10, 31-37.
- Pulko, B. and Majes, B. 2005. Simple and accurate prediction of settlements of stone column reinforced soil. Proceedings of the 16th International Conference on Soil Mechanics and Geotechnical Engineering, Osaka, 1401-1404.
- Pulko, B., Majes, B. and Logar, J. 2011. Geosynthetic-encased stone columns: Analytical calculation model. Geotextiles and Geomembranes, 29, 1, 29-39.
- Qu, G., Hinchberger, S. D. and Lo, K. Y. 2010. Evaluation of the viscous behaviour of clay using generalised overstress viscoplastic theory. Géotechnique, 60, 10, 777-789.
- Raju, V. R., Hari Krishna, R. and Wegner, R. 2004a. Ground Improvement using Vibro Replacement in Asia 1994 to 2004 - A 10 Year Review. Proceedings of the 5th International Conference on Ground Improvement Techniques, Kuala Lumpur.
- Robinson, R. G. 2003. A Study on the Beginning of Secondary Compression of Soils. Journal of Testing and Evaluation 31, 5, 388-397.
- Roscoe K.H., Schofield A.N. & Wroth C.P. 1958. On the yielding of soils. Géotechnique vol. 8 n°1, pp. 22-52.
- Roscoe, K. H., Schofield, A. N. and Thurairajah, A. 1963. Yielding of clays in states wetter than critical. Géotechnique, 13, 3, 211-240.
- Roscoe, K. H. and Burland, J. B. 1968. On the Generalised Stress-Strain Behaviour of 'Wet' Clay. Engineering Plasticity. Cambridge University Press.
- Rowe, P. W. 1962. The stress-dilatancy relation for static equilibrium of an assembly of particles in contact. Proceedings of the Royal Society of London. Series A, Mathematical and Physical Sciences, 269A, 1339, 500-527.
- Schanz, T., Vermeer, P. A. and Bonnier, P. G. 1999. The hardening soil model: Formulation and verification. Beyond 2000 in Computational Geotechnics - Ten Years of PLAXIS International, Amsterdam, 281-290.

- Schweiger, H. F. and Pande, G. N. 1986. Numerical analysis of stone column supported foundations. Computers and Geotechnics, 2, 6, 347-372.
- Sekiguchi, H. and Ohta, H. 1977. Induced anisotropy and time dependency in clays. Proceedings of the 9th International Conference on Soil Mechanics and Foundation Engineering (ICSMFE), Tokyo, 229-238.
- Serridge, C. J. and Sarsby, R. W. 2008. A review of field trials investigating the performance of partial depth vibro stone columns in a deep soft clay deposit. Proceedings of the 2nd International Workshop on the Geotechnics of Soft Soils - Focus on Ground Improvement, Glasgow, 293-298.
- Sexton, B. G., McCabe, B. A. and Castro, J. 2014. Appraising stone column settlement prediction methods using finite element analyses. Acta Geotechnica, 10.1007/s11440- 013-0260-5.
- Shahu, J. T., Madhav, M. R. and Hayashi, S. 2000. Analysis of soft ground-granular pile-granular mat system. Computers and Geotechnics, 27, 1, 45-62.
- Sheng, D., Sloan, S. and Yu, H. 2000. Aspects of finite element implementation of critical state models. Computational Mechanics, 26, 2, 185-196.
- Simons, N. E. and Som, N. N. 1970. Settlement of Structures on Clay: With Particular Emphasis on London Clay. CIRIA (Construction Industry Research and Information Association) Report 22.
- Simons, N. E. 1974. Normally consolidated and lightly overconsolidated cohesive materials - Review Paper Section II. Proceedings of the Conference on Settlement of Structures, Massachusetts, 500-530.
- Sivakumar, V., McKelvey, D., Graham, J. and Hughes, D. 2004. Triaxial tests on model sand columns in clay. Canadian Geotechnical Journal, 41, 2, 299-312.
- Sivasithamparam, N., Karstunen, M., Brinkgreve, R. B. J. and Bonnier, P. G. 2013. Comparison of two anisotropic creep models at element level. Proceedings of the International Conference on Installation Effects in Geotechnical Engineering (ICIEGE), Rotterdam, The Netherlands, 72-78.
- Sivasithamparam, N. and Karstunen, M. 2014. Modelling creep behaviour of anisotropic soft soils. Manuscript in preparation.
- Six, V., Mroueh, H., Shahrour, I. and Bouassida, M. 2012. Numerical Analysis of Elastoplastic Behavior of Stone Column Foundation. Geotechnical and Geological Engineering, 30, 4, 813-825.

- Slocombe, B. C., Bell, A. L. and Baez, J. I. 2000. The densification of granular soils using vibro methods, Géotechnique, 50, 6, 715-725.
- Smith, P. R., Jardine, R. J. and Hight, D. W. 1992. Yielding of Bothkennar clay. Géotechnique, 42, 2, 257-274.
- Sondermann, W. and Wehr, W. 2004. 'Deep vibro techniques', Ground Improvement, second edition (Moseley, M.P. and Kirsch, K. Eds.), Spon Press, Abingdon, England, 57-92.
- Sondermann, W. and Wehr, W. 2012. 'Deep vibro techniques', Ground Improvement, third edition (Kirsch, K. and Bell, A. Eds.), CRC Press, London, England, 17-55.
- Suhonen, K. 2010. Creep of Soft Clay. Master's Thesis, Aalto University.
- Šuklje, L. 1957. The analysis of the consolidation process by the isotaches method. Proceedings of the 4th International Conference on Soil Mechanics and Foundation Engineering, 1, London, 200-206.
- Tabchouche, S., Mellas, M. & Bouassida, M. 2017. On settlement prediction of soft clay reinforced by a group of stone columns. Innov. Infrastruct. Solut. (2017) 2: 1. https://doi.org/10.1007/s41062-016-0049-0.
- Taylor, D. and Merchant, W. 1940. A theory of clay consolidation accounting for secondary compression. Journal of Mathematics and Physics, 19, 167-185.
- Terzaghi, K. 1943. Theoretical Soil Mechanics, New York, John Wiley and Sons.
- Thorburn, S. and MacVicar, R. S. L. 1968. Soil stabilization employing surface and depth vibrators. The Structural Engineer, 46, 10, 309-316.
- Tomlinson, M. J. 1995. Foundation Design and Construction, New York, Wiley.
- Van Impe, W. F. and De Beer, E. 1983. Improvement of settlement behaviour of soft layers by means of stone columns. Proceedings of the 8th European Conference on Soil Mechanics and Foundation Engineering, 1, Helsinki, Finland, 309-312.
- Van Impe, W. F. and Madhav, M. R. 1992. Analysis and settlement of dilating stone column reinforced soil. Österreichische Ingenieur- und Architekten-Zeitschrift, 137, 3, 114- 121.
- Vermeer, P. A. 1999. Column Vermeer. Plaxis Bulletin 7, PLAXIS B.V.
- Vermeer, P. A. and Verruijt, A. 1981. An accuracy condition for consolidation by finite elements. International Journal for Numerical and Analytical Methods in Geomechanics, 5, 1, 1-14.
- Vermeer, P. A., Stolle, D. F. E. and Bonnier, P. G. 1998. From the classical theory of secondary compression to modern creep analysis. Proceedings of the 9th International

Conference on Computer Methods and Advances in Geomechanics, 4, Wuhan, China, 2469-2478.

- Vermeer, P. A. and Neher, H. P. 1999. A soft soil model that accounts for creep. Beyond 2000 in Computational Geotechnics. Ten Years of PLAXIS International, Amsterdam, 249-261.
- Vesic, A. S. 1972. Expansion of cavities in infinite soil masses. Journal of the Soil Mechanics and Foundations Division, 98, 4, 265-290.
- Watabe, Y., Udaka, K., Nakatani, Y. and Leroueil, S. 2012. Long-term consolidation behavior interpreted with isotache concept for worldwide clays. Soils and Foundations, 52, 3, 449-464.
- Waterman, D. and Broere, W. 2004. Practical Application of the Soft Soil Creep Model. Plaxis Bulletin 15, PLAXIS B.V.
- Waterman, D. and Broere, W. 2005. Practical Application of the Soft Soil Creep Model - Part III. Plaxis Bulletin 17, PLAXIS B.V.
- Watts, K. S., Johnson, D., Wood, L. A. and Saadi, A. 2000. An instrumented trial of vibro ground treatment supporting strip foundations in a variable fill. Géotechnique, 50, 6, 699-708.
- Watts, K. S., Chown, R. C., Serridge, C. J. and Crilly, M. S. 2001. Vibro stone columns in soft clay: a trial to study the influence of column installation on foundation performance. Proceedings of the 15th International Conference on Soil Mechanics and Foundation Engineering, 3, Istanbul, 1867-1870.
- Weber, T. M., Springman, S. M., Gäb, M., Racansky, V. and Schweiger, H. F. 2008. Numerical modelling of stone columns in soft clay under an embankment. Proceedings of the 2nd International Workshop on the Geotechnics of Soft Soils - Focus on Ground Improvement, Glasgow, 305-311.
- Weber, T.M., Plotze, M., Laue, J., Peschke, G. and Springman, S.M. 2010. Smear zone identification and soil properties around stone columns constructed inflight in centrifuge model tests. Géotechnique, 60, 3, 197-206.
- Wehr, J. 2004. Stone Columns - Single Columns and Group Behaviour. Proceedings of the 5th International Conference on Ground Treatment Techniques, Kuala Lumpur, Malaysia, 329-340.

- Wehr, J. 2013. The undrained cohesion of the soil as a criterion for column installation with a depth vibrator. Proceedings of the International Conference on Installation Effects in Geotechnical Engineering (ICIEGE), Rotterdam, The Netherlands, 241-244.
- Wheeler, S. J. 1997. A rotational hardening elasto-plastic model for clays. Proceedings of the 14th International Conference on Soil Mechanics and Foundation Engineering, 1, Hamburg, 431-434.
- Wheeler, S. J., Näätänen, A., Karstunen, M. and Lojander, M. 2003. An anisotropic elastoplastic model for soft clays. Canadian Geotechnical Journal, 40, 2, 403-418.
- Yin, J. H. and Graham, J. 1989a. Viscous-elastic-plastic modelling of one-dimensional time-dependent behaviour. Canadian Geotechnical Journal, 26, 2, 199-209.
- Yin, J. H. and Graham, J. 1989b. General elastic viscous plastic constitutive relationships for 1-D straining in clays. Proceedings of the 3rd International Symposium for Numerical Models in Geomechanics, Niagara Falls, Canada, 108-117.
- Yin, J. H. and Graham, J. 1994. Equivalent times and one-dimensional elastic visco-plastic modelling of time-dependent stress-strain behaviour of clays. Canadian Geotechnical Journal, 31, 1, 42-52.
- Yin, J. H. and Graham, J. 1996. Elastic visco-plastic modelling of one-dimensional consolidation. Géotechnique, 46, 3, 515-527.
- Yin, J. H. 1999. Non-linear creep of soils in oedometer tests. Géotechnique, 49, 5, 699-707.
- Yin, J. H., Zhu, J. G. and Graham, J. 2002. A new elastic viscoplastic model for time-dependent behaviour of normally and overconsolidated clays: theory and verification. Canadian Geotechnical Journal, 39, 1, 157-173.
- Yin, Z. Y. and Karstunen, M. 2008. Influence of Anisotropy, Destructuration and Viscosity on the Behavior of an Embankment on Soft Clay. Proceedings of the 12th International Conference of International Association for Computer Methods and Advances in Geomechanics (IACMAG), Goa, India, 4728-4735.
- Yin, Z. Y., Chang, C. S., Karstunen, M. and Hicher, P. Y. 2010. An anisotropic elastic-viscoplastic model for soft clays. International Journal of Solids and Structures, 47, 5, 665-677.
- Yin, Z. Y. and Karstunen, M. 2011. Modelling strain-rate-dependency of natural soft clays combined with anisotropy and destructuration. Acta Mechanica Solida Sinica, 24, 3, 216-230.

- Yin, Z. Y., Karstunen, M., Chang, C. S., Koskinen, M. and Lojander, M. 2011. Modeling Time-dependent Behavior of Soft Sensitive Clay. Journal of Geotechnical and Geoenvironmental Engineering, 137, 11, 1103-1113.
- Zdravkovic, L., Potts, D. M. and Hight, D. W. 2002. The effect of strength anisotropy on the behavior of embankments on soft ground. Géotechnique, 52, 6, 447-457.
- Zentar, R., Karstunen, M., Wiltafafsky, C., Schweiger, H.F. and Koskinen, M. 2002. Comparison of two approaches for modelling anisotropy of soft clays. Proceedings of the 8th International Symposium of Numerical Models in Geomechanics (NUMOG VIII), Rome, 115-121.
- Zhou, C., Yin, J. H., Zhu, J. G. and Cheng, C. M. 2005. Elastic Anisotropic Viscoplastic Modeling of the Strain-Rate-Dependent Stress-Strain Behavior of K0-Consolidated Natural Marine Clays in Triaxial Shear Tests. International Journal of Geomechanics, 5, 3, 218-232.

Résumé

Le renforcement des sols par colonnes ballastées constitue une technique très efficace, moins coûteuse et plus respectueuse vis-à-vis de l'environnement, c'est-à-dire, elle a le moindre impact sur l'environnement en comparaison avec d'autres techniques de renforcement des sols. Elle a pour but généralement d'amélioration des caractéristiques mécaniques des sols mous. Dans cette thèse, on se propose de faire une étude approfondie sur le comportement d'un groupe de colonnes ballastées installées dans un site de faibles caractéristiques mécaniques. Plusieurs modèles numériques et diverses configurations géométriques ont été évaluées dans le but de choisir le modèle le plus adéquat pour la simulation du comportement réel d'un massif de sol renforcé par un groupe de colonne. Les modèles faisant objet de cette vérification sont validés par les résultats des mesures in-situ des tassements d'un essai de chargement en vraie grandeur. Des recommandations concernant la simulation numérique des fondations spéciales seront par la suite proposées. En conclusion, une étude globale sur l'effet de quelques paramètres géotechniques clés sur la prédiction du tassement des sols mous renforcés par un groupe de colonnes souples est effectué.

Mots clés : Sols mous, colonnes ballastées, essais de chargement en vraie grandeur, modèles numériques.

Abstract

This thesis studies the behavior of a foundation on a soil reinforced by a group of end-bearing stone columns in terms of settlement reduction in oedometer condition.The group of stone columns has been reduced to equivalent concentric crowns using a finite-difference FLAC3D modeling. The obtained numerical results were compared to existing analytical and numerical methods for the prediction of the settlement of reinforced soil. It was found that the prediction of the settlement by the 3D numerical modeling of equivalent concentric crowns is less than that obtained by the actual 3D model of group of stone columns. These results have been validated through comparison between numerical, analytical, and in situ measurements collected from full-scale loading tests of stone column from recent case history.

Keywords Soft soils - Stone columns - Settlement reduction - Numerical method - Loading tests.

Printed by Books on Demand GmbH, Norderstedt / Germany